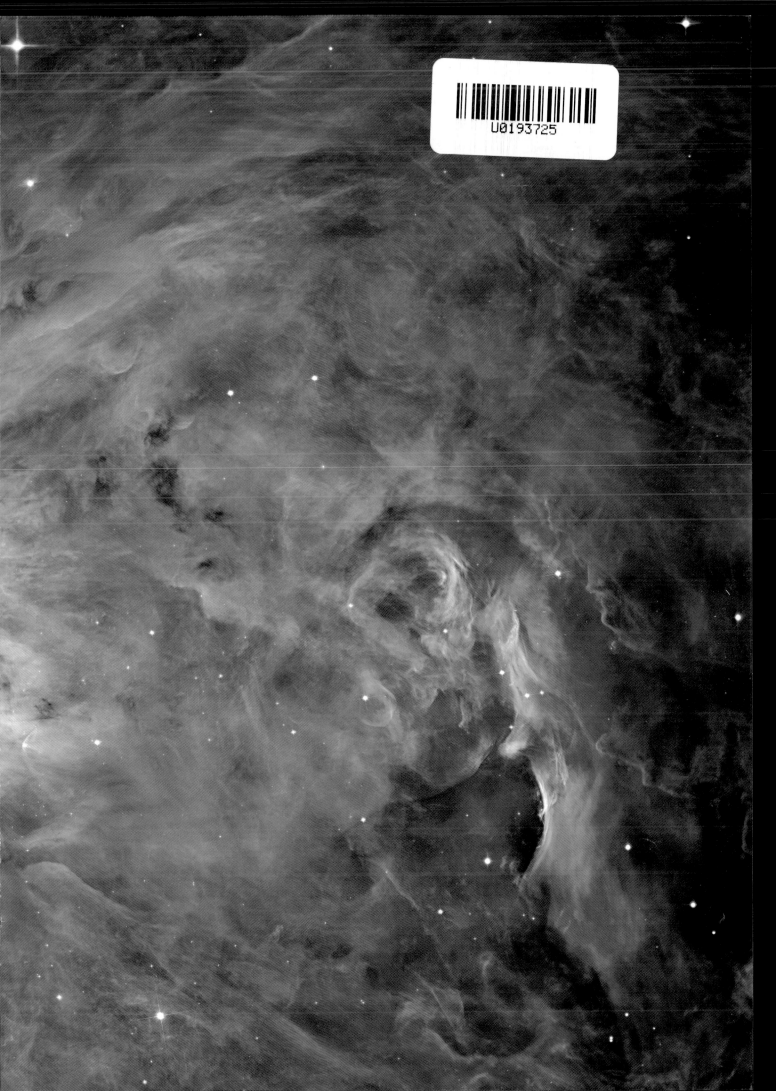

MAPPING THE UNIVERSE
The Interactive History of Astronomy

洞察宇宙
摸得着的天文史
（附历史资料仿真件）

[英]Paul Murdin 著

魏晓凡 王运静 译

人民邮电出版社
北京

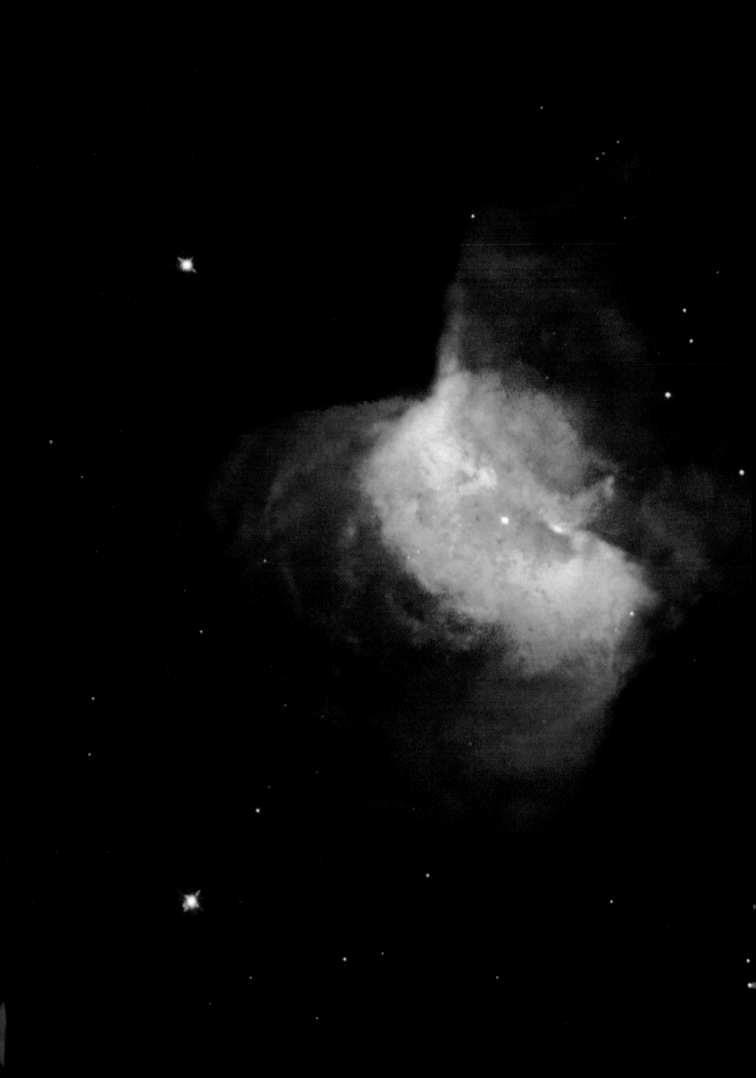

目录

本书包含可以取出的历史资料仿真件

导言

夜空是全人类共有的财富。太阳、行星和恒星的光芒洒在世界每个角落、每个人的身上，激发着我们的好奇心和求知欲，促使我们追问自己在神秘博大的自然万物中的处境和价值。每当我们沉醉于星空，把神思聚焦在遥远的宇宙，就能至少暂时地超然于世俗生活的困境之外。人类的各个种群和民族之间纵然有千差万别，在星空之下也完全可以并肩昂首，而不是怒目相向。

数千年来，这一点从未改变。已经有考古证据表明，即便是生活在冰河时期的祖先，也对天文怀有浓厚的兴趣，关注着月亮和大行星的相对位置变化、众多恒星组成的形状，以及这些星座每天升起和落下的时间随着季节流转而发生的变化。先民们正是借助天象，才获得了关于时间和历法的一些核心知识，并由此学会了计量时间、编算日历。更有趣的是，天文知识的进展也修改了历代先人心目中关于世界的根本图景。最初，这种图景是朴拙而安适的：宇宙稳定而且亘古如常，万物按照人类生活的需求而存在。但现代的宇宙观念则指出：人类文明在极为庞大的自然系统中只是一个微不足道且转瞬即逝的部分，而且面临着很多可能毫无征兆的致命灾难的威胁。不过，人类天生的勇气和精神，足以使我们镇定地面对这种恐怖凶恶的事实，并开始以更大的热情来探索自然界各个领域的奥秘。因此，如今我们生活在一个天文学的黄金时代。在攻克了计算天体轨道的数学技术的难关之后，我们正充满希望地挑战着某些关于"存在"的最重大的问题：万物是如何开始的？它们会如何结束？我们在宇宙中是孤独的吗？科学方法的运用，让我们不致对这些问题束手无策。人类已经开始揭示最终答案的某些侧面了。

这本书的主题是各个世纪以来人类对宇宙认识的不断发展，而且特别关注工具技术和天文学之间的互相促进。就像孩子们借用彼此的后背玩的"跳山羊"游戏一样，技术进步会带来天文学的进步，天文学的新知又刺激了技术的发展，这个过程交替不息。诚然，在这个过程中，科学几乎如影随形，但是，科学并不会在我这本书的行文中占据主要地位，我将着墨更多的是关于"人"的故事：错误的前提、突然的灵感、虚妄的幻觉、缜密的推理，全都来源于人。我要写的是一本以天文学家为线索的天文学史，给大家展示天文学家们的思考方式，以及他们对宇宙的理解是如何演变的。我为我在整个职业生涯中都是一个天文学家而感到自豪，我也觉得我能与天文学的前辈们心灵相通。我愿以敬仰和热忱来讲述他们的故事。

Paul Murdin（保罗·默丁）

剑桥，2011 年

1

古迹与
计算者们

自洪荒之时起，人类就以惊奇和敬畏的目光来仰视头顶星空。在石器时代，人们就开始把那些散乱地分布在天幕上的恒星联想成一组组的固定形象，这就是"星座"概念的起源。在当时的人看来，这些星座的形象都是神安排好的。当然，他们也注意到了某些较亮的星星相对于其他星星的位置会发生有规律的变化，这种亮星就是今天我们说的水、金、火、木、土五颗大行星。

实物证据显示，史前时期的人对天文很关心。在他们的一些建筑遗存中，这一特点体现得相当明显。很早以前，就有人花费巨大代价建立了一些标志物，用于测量研究恒星和大行星的运行，他们对这种规律是如此地着迷，总是尝试去预测星星在未来的某一时刻会运行到哪里，因为他们发现，这种规律即便是世间最为强悍的人也无法撼动。他们被这种规律深深地震慑了。这些建筑物的朝向与太阳有关——考虑到对自然光和温度的利用，这并不难理解，但建筑的结构告诉了我们更多信息：它们也可以被"占星师"这种有着祭司地位的人使用，从而使其编订出历法，所以它们既可服务于宗教仪式，又具有工程技术上的精度。

全球最知名的史前天文建筑应该非位于英格兰南部的"巨石阵"莫属：一堆硕大的石条竖立起来，围成一个圆圈，另有一连串石条像门楣一样横在一圈立石的顶端，起着连接加固各块立石的作用，令人过目难忘。而其他的构件——像石块、排水沟和木栅栏等，围绕着这个巨石阵的中心，排成一个个同心圆的形状。巨石阵同时还是一组史前陵墓建筑中的主体建筑。沿着一条从东向西的小路，可以到达这个石头圈，而整个石头圈也对准着夏至、冬至这两天的日出方向，朝着这两个方向敞开。

巨石阵建于公元前 3100 至公元前 1600 年，它悠久的历史、独特的选址、所需的建设成本，以及它完全没有被人居住过的痕迹，都表明它当初很可能是处于某种基于太阳的历法中，用来在重要的日子里纪念某位已经逝去的重要人物的。

很多研究者认为巨石阵曾被用来预测日食，但天文学家霍金斯（Gerald Hawkins，1928—2003）于 1963 年提出了不同的看法，而他的学说则是从宇宙学家霍伊尔（Fred Hoyle，1915—2001）那里发展出来的。这一学说相当精致，它虽然也被不少考古学家所反对，但与古物收藏家斯图凯利（William Stukeley，1687—1765）于 1740 年首先注意到的该建筑之特殊朝向相当吻合。

【**右图**】巨石阵位于英格兰南部，这一巧夺天工的史前建筑用巨石呈现了一套以日落方向为基准的圆圈图形。

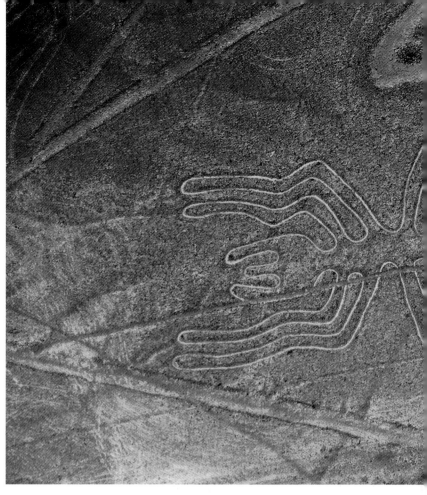

使用类似基准的石造建筑物在英伦列岛的其他地方和法国的布列塔尼（Brittany）均有发现。位于爱尔兰米斯（Meath）郡的新格兰治（Newgrange）的墓道就是一例。每当冬至日这天的日出时分，该墓上的一个开孔就会将阳光投射进墓穴内部。

太阳、星星与石头

埃及吉萨的大金字塔也建立在精确测量的基础上，其底座的 4 个基准点呈正方形排列，而且其朝向显然是依靠某种天文现象而确立的，例如两颗"指极星"（即北斗七星中"勺头"的那两颗）呈完全垂直排列时，利用铅垂线将其这两颗星的连线向下延长到地平线上，就可以找出正北点。而位于底比斯（Thebes）附近的卡纳克（Karnak）的太阳神"阿蒙－雷"神庙的建筑结构对准的是冬至那天的日出方向，这种精确的设计和测量，想必是怀着对太阳无限崇拜的心情而完成的。

生活在墨西哥的查科峡谷（Chaco Canyon）的北美原住民文化于公元 900 至 1150 年达到鼎盛。他们会从特定的瞭望台上观测太阳从远山的后面跃然而出的过程。他们用这种方法追随着季节的脚步，按时进行着农事活动和祭祀仪节。与之类似的历法技术甚至在霍皮（Hopi）部族的印第安人（他们是上古先民的直系后代）中保留至今。在美国西南部和墨西哥西北部，也有不少类似的通过对准太阳的特定方位来确定日期的史前遗址。不难理解，历法意识的觉醒，最容易首先发生在那些适宜耕种的季节持续较短的地区。在那样的地区，像玉米这样的作物必须很严格地在某一小段日子里被种下，才有可能既顺利成长又有足够的时间去达到成熟。

而 1950 年，天文学家阿伯特（Helmut Abt）和米勒（Bill Miller）在属于这类地区的白方丘（White Mesa）和纳瓦霍峡谷两个地点，发现了某些在形式上和含义上都与上述建筑迥然不同的绘画。这些由美洲先民普韦布洛（Pueblo）人绘制的新月和亮星状的画面，

似乎指的是 1054 年的那颗超新星。根据古代中国的记录，这颗超新星于 1054 年 7 月 4 日出现，当天的位置就是在新月的旁边。在位于新墨西哥州查科峡谷的"普韦布洛巨宅"（Pueblo Bonito）里，还有一处类似的绘画，与月牙和亮星相伴的还有一个手印图形，据估计也是在描绘这颗超新星。

玛雅人的天文学

墨西哥的玛雅人对于行星运动有着很精细的知识。尤卡坦半岛上的乌斯马尔（Uxmal）是一座大约建于公元 500 至 1100 年之间的玛雅城市。城市中，被称作"长官府邸"的建筑对准了方位角 118°，而金星在这个地方升起时可能所处的方位，最往南也不会超过 118°，且这种极限每 8 年才会出现一次。如果仅看这一事实本身，你也许觉得这只是巧合，但若考虑到该宫殿正面覆盖有刻着代表金星和黄道星座的图案的石头，此事就不应再被当成巧合看待。对于古人类学家来说，玛雅居民使用基于金星运动的历法已是一条基本知识。现存最早的来自美洲的书《德累斯顿法典》（写于 11 世纪，但被认为使用了比它还早几百年的资料）即是一部天文学的概述性著作，描述如何运用季节的、医疗的、信仰的和占星方面等的信息去进行历法推算。另一座玛雅历史建筑"羽蛇神金字塔"（Kukulcan's Prramid）坐落于奇琴伊察（Chichen Itza），外形呈四面阶梯状，不仅共有 365 级，每级代表一天，而且也像这个文化的其他重要建筑一样，是以太阳、月亮、金星为测量基准而建立的。

再来看西班牙人在南美洲的早期殖民地。秘鲁的印加人也用天文观测的结果作为月历。在印加帝国的首都库斯科（Cusco），古印加人以城市中心的"太阳神庙"（Coricancha）为起点，建造了被称为"赛克"（ceques）的、呈放射线形状的道路体系，朝向地平线上那些叫作"胡阿卡"（huacas）的标志——这些遗址既有自然的成分，也有为此而特意建构的成分。若不是有人写出了古人类学考察记录，这些指着多个方向的放射状线条恐怕还停留在我们的视野之外。

秘鲁纳斯卡荒原上的"纳斯卡图案"绘成于公元 400 至 650 年间，其线条是通过把荒原表面的小石子扫清而显现出来的。图案内容包括鸟类、哺乳类、蜘蛛等动物，还有某些孤立的奇怪线条。根据由考古学家雷切（Maria Leiche，1903—1998）提出的一个有争议的理论，这些线条也是某种以太阳为基础建立的日历。

【左上图】在位于新墨西哥州的查科峡谷的这幅画中，那颗亮星被认为是 1054 年 7 月 4 日的超新星，当时它在黎明的天空中伴着新月升起。作画者还按下了自己的手印作为"签名"。

【上图】这是秘鲁的纳斯卡图案中的一幅，它描绘的蜘蛛形象被阿德勒（Adler）天文馆的皮特卢加博士（Dr. Phillis Pitluga）认为是猎户座的形状。但这一看法也引起了争议。

【左图】在天文学家洛基尔（Norman Lockyer，1836—1920）看来，由拉美西斯二世下令建造的位于卡纳克的"阿蒙－雷"神庙，其大厅的方位是以夏至这天的太阳方位为基准的。这幅描绘神庙大厅中群柱的石版画由埃及研究专家莱普修斯（Richard Lepsius）于 1843 年创作。

【右图】这是墨西哥乌斯马尔的玛雅遗址中的"长官府邸"，它建在几级台阶之上。在其正面，靠上的大半部分都覆有颇具天文含义的石雕。

2

观天之眼

在望远镜问世前，测量恒星和行星位置用的基本天文仪器是一种简单的"目视杆"。这种十字架形状的工具可以帮人更好地目测出特定恒星（如北极星）或特殊天体（如太阳）在地平线之上的度数，用于指导航海。观测者要用手举着目视杆中的那根长杆，以其一端抵住面颊，让视线通过另一端瞄准地平线，再调整那根与长杆垂直交叉的短杆（transom）的位置，使其顶端正好处于眼睛与被测星体的连线上，这样就可以根据此时短杆在长杆上的具体位置来推出被测星体的地平高度角了。

框型的象限仪或六分仪通过把两根观察杆安置在相同的支点上，来实现测量两星之间夹角的功能。象限仪上有一道跨度为90°（若是六分仪，则为60°）的圆弧形框架，框架上镌有刻度，当这个刻度尺正好对准被测的两颗星之间的连线时，即可利用刻度读出两星的准确角距离数。可以让两个人各负责一根观察杆，各对准一颗被测星，合作完成测量。

而壁板型的象限仪则允许观察者测量恒星与地平线的距离（即地平高度角），它有一个安装在正南正北方向上的垂直壁板，观察者可以使用这个壁板上的大型标尺。就仪器的实际尺寸而言，这类不依靠望远镜的天文测量工具的制造事业在1727至1734年间达到了顶峰，因为印度的王公贾伊·辛格二世（Jai Singh II）正是这几年间在斋浦尔（Jaipur）建起了贾塔·曼塔（Jantar Mantar）天文台，该台用于整日乃至整年地测量太阳的方位。

星盘的使用原理与壁板型象限仪差不多，但更为便携，其金属盘面和标尺都被吊挂在一

个圆环上，而其指星用的杆（叫作 alidade）则安装在圆盘的中心点上。一幅金属制的天空图（叫作 rete）显示着航海所用的一些关键恒星的位置，且可以在星盘的另一面锁定，和为不同纬度预先算好的刻度并置起来。如果航海者测定了几颗主要恒星的地平高度角，就可以根据星盘上的刻度推算出当时的时间和自己所处的地理纬度来。所以说，星盘可以被看作一台在数码时代到来之前，以模拟技术运行的专用计算器，也是那个时代最可信赖的海上导航装备，其地位若在今天可以相当于导航卫星。星盘这种发明源于古代的希腊世界，也有人说它的发明者就是希腊天文学家依巴谷（Hipparchus，也译为"喜帕恰斯"），发明时间约为公元前150年。

古代中国的天文学

古代中国的统治者重视天文学观测实践，其目的有二：一是观察"天兆"以预测国运吉凶，二是修订历法。如今，北京古观象台存有一批制作精美、保存完好的大型古代天文仪器，全部是望远镜发明之前的款式，始造于1442年，并于1673年重制。这些仪器中，一部分是从更早的款式仿制过来的，另一部分则是由主持过这座天文台工作的耶稣会神父南怀仁（Ferdinand Verbiest，1623—1688）设计的。

像这架位于古观象台下方庭院里的浑天仪一样，这批仪器在外形上具有鲜明的中国风格。浑天仪模仿了天球的坐标架构，用它的环缝对准太阳或恒星，可以测量其方位，并进行天文计算。

占星与医药学

在希腊文化、印度文化、阿拉伯文化乃至欧洲文化中，直到 17 世纪下半叶，星盘都还承担着除天文和地理之外的另一类任务——用于医学诊断和治疗。那时的医生会把相应的时间和纬度在"星盘计算器"上"输入"，然后求出患者出生时的天空景象。这一再现出来的天象将使用与占星相关的角度来解读，因为那时人们普遍相信星相会与人体的各个器官有所关联。（当然，患者单是看到医生使用了这么复杂精密的设备来作诊断，也会在叫作"安慰剂效应"的心理作用下提升对医生的信任，客观上有利于康复。）

【左上图】这幅 1531 年的德国木刻画出自雅各布·科贝尔（Jacob Kobel）的一部关于工具使用的手册。图中，一位测量者正在使用交叉状的测量杆（或者说，是"雅各布款式"的测量杆）。

【左下图】在北京古观象台的这个古色古香的庭院里，安放着一架饰刻有 4 条龙的大型浑天仪。这架仪器铸造于 1442 年，而且还是对 1074 年款式的仿制。在它旁边的一个高台上，还安放有用于观测太阳、恒星、行星等的其他几种设备，因为高处的景物遮挡更少，观天的视野更为开阔。

【右上图】这是由比利时鲁汶（Louvain）著名的科学仪器工匠阿尔塞纽斯（Gualterus Arsenius）在 16 世纪中期制作的一块星盘。那些镂空出的金属钩状物的尖端，对应的正是一批主要恒星的相对位置。其背景盘上，刻有相应的坐标网格线，使用前置观测杆定位后，即可转动"星图"以求取相应信息。

【右图】印度斋浦尔的贾塔·曼塔天文台拥有世界上最大的日晷之一。图中这道长长的阶梯的影子会投射在它后方那个圆弧的某个位置上，由此读出的时间甚至可以把误差控制在几秒钟之内。

3

天上的图案：天文学的诞生

星座

我们今天所熟知的这些星座，最早是由克尼多斯（Cnidus）的欧多克索斯（Eudoxus，约公元前 410—约公元前 350）在研读亚历山大图书馆里收藏的古旧手稿时，收集、归纳在一起的。那些古老的文献和欧多克索斯本人的论文如今都早已失传，不过有个名叫亚拉图（Aratus，约公元前 310—约公元前 240）的人对欧多克索斯的研究成果做过一个诗化的阐述，题目叫"传说"（Phaenomena）——这一文献留存了下来。在亚拉图的版本中，众星座（当然，还都只是北半球容易看到的星座）主要以希腊神话中出现的人物和动物来命名。

目前已知最早的对星座形象的确切描绘来自一件两千年前的雕塑，它名叫"扛天的阿特拉斯"（Farnese Atlas）。这件作品并未展现出那些太靠近南天极的星座，因为那部分天区在欧洲的纬度上始终不会高于地平线，无法观察。从这座雕塑上空缺的区域和它再现的北天诸星座的体系来推断，这可能是大约位于北纬 33° 的某个地点在公元前 1100 年前后看到的星空。这组信息可以对应到亚述地区中部的那些王国。此外，在大约属于公元前 1700 年的美索不达米亚的泥板中，我们也能偶尔读到比它更早的、对和星座有关的知识的零散记录。

当欧洲的探险家们把船开进南半球的洋面，第一次看见了天球南极周围的群星之后，南天星座的空白区域就开始不断地被各种当时新出现的或流行的形象所填补了。像气泵这样的新式工具，此时在星空中也拥有了自己的领地，那就是唧筒座；另外，宗教文化中的符号——十字架也被编进了南天星空，也就是南十字座。南十字座的形象受到很多南半球国家的热爱，以至于一些南半球国家的国旗上都绘有象征着这个星座的图形。

【右上图】这幅《天文学家》由维米尔（Johannes Vermeer）绘制于 1668 年，画中人物的模特是他在德夫特（Delft）的邻居、光学师傅安东尼·范·列文虎克。画面里，这位天文学家正在参阅一本关于航海的书，他面前是一架由洪德斯（Jodocus Hondius）制作的天球仪。从画面中还可以看到天球仪上绘制着精美的大熊座、天龙座、武仙座和天琴座图像。

而比这早得多的祖先们也曾经在洞穴中绘制了一些有特点的恒星图形，例如法国拉斯科（Lascaux）和西班牙山中的"城堡岩洞"（Cueva de El Castillo）都有这类发现，其年代可追溯至距今 16 500 年前，其中用点状图形绘出的、可辨识的星座（或有特点的星空图形）包括北冕座、昴星团和"夏季大三角"等。

大熊座内也有 7 颗亮星组成的一个知名度很高的星空图形，即北斗七星，也称"大勺子"。关于这个图形，有一种解读是：7 颗星中组成矩形的那 4 颗代表熊，而另外排成一列的那 3 颗代表正在追捕大熊的 3 名猎人。（译者注：在当今通行的星图文化中，北斗七星的角色与此说法有所不同，是将后 3 颗星看作大熊的尾巴，而另外 4 颗位于大熊的脊背后部。）

在欧洲，希腊人、巴斯克人和希伯来人是如此联想的，而在中亚的一些文化中也是如此。但更有趣的是，在北美洲的切洛基（Cherokee）、亚冈昆（Algonquin）、祖里（Zuri）、特林吉（Tlingit）、易洛奎（Iroquois）等民族中依然如此！这是由于北美原住民是大约 14 000 年前，在当今的白令海峡尚未出现时，通过当时的白令大陆桥从旧大陆移民到美洲的。也正因如此，我们可以断定，大熊座至少在那个时候已经在文化中定型了。可以说，大熊座或许是我们如今仍在使用的文化形象中历史最为久远的了。

当然，其他一些古代文明也拥有自己的星座图像。中国的星座体系也相当古老，其中也包含了北斗七星，这一证据可以见于河南濮阳的一处墓葬。该墓葬大约建于公元前 4000 年，属新石器时代，其墓室墙壁上用贝壳镶嵌出了这些星星的相对位置。而在约属于公元 650 至 850 年的"敦煌星图"（这是现存最早的画在纸上的星图）中，也可以看到类似的星座。

占星术与行星

占星术基于这样一种信念：各大行星相对于恒星背景和黄道星座的位置变化及其总体格局，会影响到尘世中发生的事情。相信占星的人认为，人的个性和前途可以通过"天宫图"（horoscope）来预测，而"天宫图"可以是此人出生时或者其他某些有特殊定义的时刻的星空景象（后一种情况给许多报刊上常见的、对大家"通用"的"星座运程"提供了所谓的"理论基础"）。他们也许还相信，一次冒险行为的结果如何，早在起初决定冒险的那个时刻就已经注定了。此外，独出心裁的印度占星术士们还决定，通过在天宫图上把问题被提出时的星空复原出来，为人们的疑问提供解答。不同地方的人们，将天文与预言联系起来时也有着一些不同的规则，比如印度和中国都有自己的占星体系，但西方世界如今最常用的还是希腊－罗马时期的埃及占星体系，约成型于公元 1 世纪。尽管现代天文学家们都把占星看作一种迷信，但占星无疑代表了天文学的一种开端。

对天宫图上行星位置的推算的需求，催生了住在亚历山大城的罗马公民、天文学家托勒密（Claudius Ptolemaeus，通称为 Ptolemy，约 90—约 168）的知名文章"大论文"（Almagest）和与之匹配的关于占星的姊妹篇"四部书"（Tetrabiblos）。这两种文献的原文已佚，但通过阿拉伯文的译本流传到了今天。其中提出了这样一个理论：宇宙像一个水晶球，各大行星都在其内壁上运行，这个球

【上图】这是不早于公元前 200 年的仿希腊款罗马雕塑"扛天的阿特拉斯"。它展现了泰坦（即阿特拉斯）在天球的重压下艰难地缓行的样子。其中的天球上出现了希腊诗人亚拉图描述的一些星座。这也是现存最早的对现代星座体系的视觉描绘。

壁绕着地球旋转，所以地球是宇宙的中心。用这个模型也可以计算行星的运动。

希腊哲学家亚里士多德（公元前384—公元前322）曾经提出一个理想化的假说，即天体的运行轨道都应该是完美的圆形。但事实上，行星的运动有时快有时慢，有时甚至会在恒星背景上逆行（即由东向西运动，与常情相反）——比如火星的逆行就很经典。托勒密为了解释这种现象，设计出了一套非常复杂的"本轮－均轮"理论体系。在这个理论体系中，最简单的一种情况是行星以一种叫作"本轮"的圆轨道运动，而这个轨道圆心的那一点也同时以自己的圆轨道（即"均轮"）绕着地球运动。不过，要是想用这种体系精确地模拟出地球上看到的行星运动情况，就得在本轮之上再加上一层层的小本轮，多至十几层，乃至有人说的80层。这就让该理论的复杂性和计算量都增加到了令人难以想象的程度，从而在当今已经成了"不良理论模型"的代名词。

【左图】根特（Joos van Ghent）绘制的"托勒密肖像"，约作于1475年。不过，画中的这位托勒密戴有王冠，这大概是把公元2世纪的埃及国王托勒密与天文学家托勒密给混淆了。

【下图】这幅大熊座星图选自一套手工彩绘图片《天神之镜》（Urania's Mirror），作于1825年的伦敦，作者署名为"一妇人"，其真实身份为布罗克萨（Reverend Richard Rouse Bloxam）。图中大熊座内的各颗恒星位置全部穿有小孔，所以若将这张图片在明亮的背景前举起，即可获得在夜空中观看大熊星座的模拟效果。

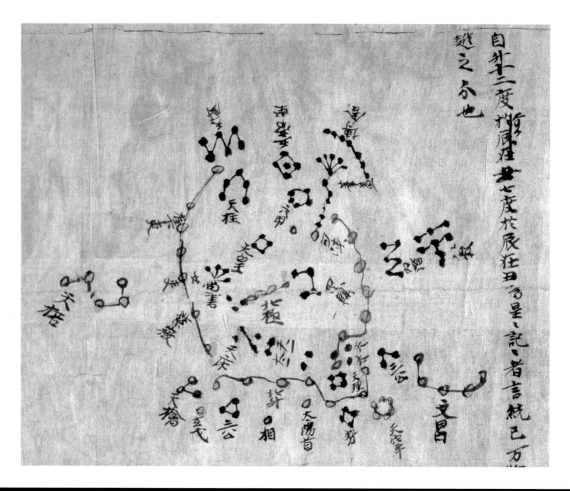

自斗三度推风准书七度於辰在丑为星记者言统已万术
越之分也

【右图】敦煌星图（公元650—680）中描绘的北天极附近的星空，包括北斗七星。这些星图一直与超过三万卷其他文献一起，被隐藏在中国西部的一座佛教设施的夹壁之内（译者注：即敦煌藏经洞），直到1900年时被人发现。这座隐秘的"图书馆"大约是在公元1000年时被封存的，其目的或许是为了使其免于流寇劫掠之灾。

黄道

    黄道是太阳在天球上运行的轨道，也基本是各大行星相对于恒星背景的移动路径，这一理念早在古巴比伦的天文学中就已被确立。"黄道"的英文词（Zodiac）与"动物园"（Zoo）是同根的，因为沿黄道分布着的6个最为原始的星座都是以特定的动物形象示人的。后来，像天秤座这样并非动物形象的星座也逐渐被加入，最终形成了今天常说的"黄道十二星座"。人们又经常以为这十二个星座的大小是均等分布的，其实不然（译者注：而且目前真实的黄道穿过的现代星座有13个）。占星术常用的均等划分的12个区块应该叫"十二宫"，只不过各个"宫"的名字借自黄道上的12个经典星座而已。在古代，黄道星座与和它同名的星宫的位置尚且大体相同，但随着时间推移，二者的差距开始明显增大，太阳位于哪个"宫"，并不等于说它位于那个相应的"座"。

【右图】在地心宇宙体系中，各行星"绕地球运转"的轨道不仅都基本在同一个平面上，而且都能投影到黄道带的"星宫"和"星座"上。这幅引人注目的"太阳系图"引自《天空图册》（*Atlas Coelestis*）中的版画，作者为塞拉斯（Andreas Cellarius），作于1600年的阿姆斯特丹。塞拉留斯说，他是以第谷·布拉赫的理论体系来创作这幅图的。但我们从图中看到，只有水星和金星绕太阳运转，而太阳和其他行星都绕地球运转——这个观点不属于第谷的体系（译者注：第谷头脑中的太阳系结构参见本书第26页），而是属于第谷的一位名气稍逊的前辈，即约生活于公元5世纪的罗马智者卡佩拉（Martianus Capella）。

4

地心宇宙学说

米利都的泰勒斯（约公元前624—约公元前546）被称为希腊的第一位哲学家。在史学家希罗多德讲述的一个目前看来并不算可靠的故事中，泰勒斯成功地预言了公元前585年的一次日食，终止了一场战争。这次日食发生在吕底亚、米底斯两国战争期间的一次战斗中，正在鏖战的双方士兵眼见泰勒斯预言的"苍天示警"成真，吓得立刻丢盔卸甲，缔结和约。

泰勒斯提出了一个理论——"水是万物之本原"，意思是说，我们所看到的一切现象都是由水的诸多变化而形成的。这是已知最早的试图将万物都简化成基本元素的物理学理论。这一学术路向后来显然被堪称古希腊最重要的哲学家的亚里士多德（公元前384—公元前322）继承和发展了。后者将自己关于物质结构的理论整合为关于宇宙结构的宏伟理论，而后代的宇宙学家们一直尝试去做的也不外乎是类似的事情。

亚里士多德认为，组成大地的物质与组成天上物体的物质是迥然不同的。他指出，凡间的事物，或者说地上的事物是由土、气、火、水这4种基本元素组成的。例如，我们平时见到的铁，按照亚里士多德的理论讲，其主要成分是土，兼有少量的气、火、水。而天上的事物，亚里士多德说是由叫作"aether"或"quintessence"的第五种元素构成的，这种元素不但没有重量，而且恒久不变。

根据亚里士多德的学说，凡间的4种元素都倾向于按照其自然属性来运动，例如气会往上升，向天球穹窿四散，而土会往下降，朝宇宙中心汇集。因此他认为地球位于宇宙的中心，周围环绕着一系列水晶般的同心球壳，各层球壳分别承载太阳、月亮、各大行星和恒星等。所有这些天体都沿着完美的正圆形轨道绕地球运转，永远如是。而轨道形状的完美，正与天体本身的完美密不可分。当然，我们实际观察到的行星运动路径并不那么简单平顺，为了解释这一现象，亚里士多德又提出，那些携带着行星的天球壳层是被包含在其他某些壳层之内的，这样的壳层总共约有50个，每个会运动的壳层都是靠另外某个不运动的壳层来驱动的，而最外层的、固定着众多恒星的壳层也配有一个"原动力"，但这个"原动力"不能被看作一种推动恒星层的实体装置。可是，其他许多人文学

者的看法与亚里士多德相悖。19世纪，法国天文学家弗拉马利翁（Camille Flammarion，1842—1925）就创作过一幅仿德国古典风格的著名木刻画，其中把"原动力"描绘成了一个用齿轮推动外层天空的机器。

第一部精密计算机

弗拉马利翁仿古风格的版画中展现的关于"宇宙机械结构"的想象,明显受到过"安提凯塞拉机器"的启发。这部有着出色的精密连动结构的钟表状机械计算设备大约制成于公元前 150 年至公元前 100 年,是在希腊岛屿安提凯塞拉附近的海里一艘沉船残骸中被发现的。而说到其设计的理论依据,就要涉及希腊天文学家依巴谷(约公元前 190—约公元前 120)。依巴谷曾经编制过一份精确的恒星目录,让人们可以准确识别天空中的哪颗星是什么,甚或是不是新出现的。他还将自己对恒星位置的测量结果与前人的数据进行比较,由此发现了"岁差",这是由地球自转轴的波动而导致的恒星升落时间和经天轨迹的变动。此外,他也根据自己发现的古巴比伦天文学家的记录,发展和完善了用几何知识求取日、月、行星位置的技术,该技术为安提凯塞拉机器的制造奠定了基础。

【上图】安提凯塞拉机器在克里特岛外的地中海里被浸泡腐蚀了约两千年,目前只剩下一部分,估计原品拥有约 30 个齿轮。

大地的形状

亚历山大图书馆的管理员、地理学家埃拉托色尼（Eratosthenes，约公元前 276—约公元前 195）研究过大地的形状问题。尽管在他之前有一些哲学家认为大地是扁平的，比如留基伯（约公元前 5 世纪）、德谟克利特（约公元前 460—约公元前 370）等，但"大地是球形"这一观点还是有着不少强有力的论据。例如，月食时，投在月球上的影子是圆形的，说明这正是大地的形状；又如，出现在海平线上的船向着港口驶来时，港口里的人总是先看到桅杆，再看到船身，这也说明大地在远处必有明显的曲面。埃拉托色尼既然相信大地是球形的，就决心测算出这个球的周长。他听说，在埃及南部的塞尼城（今天的阿斯旺），每到夏至那天的正午，太阳就正好悬在天顶，乃至阳光可以直射进当地枯井的底部。于是，他在自己所住的亚历山大城竖起了一根垂直于地面的竿子，并在夏至日的正午测量了地面上竿影的长度，由此推算出：此时太阳在亚历山大城的天空中，与天顶的距

离等于整个天球周长的五十分之一。然后，他驾车从亚历山大城向南驶至塞尼城，沿途统计了轮子所转的圈数，由此推算出这两座城市的距离。这时他知道，这一距离应是地球周长的 1/50，因此算出地球的周长约为 25 万个"斯塔德"。这个当时使用的长度单位约合今天的多少米，学界尚有一些争议，但根据其中比较可信的一种看法，可以把埃拉托色尼的结果换算为 45 000 千米，这与当今所知的地球周长 40 000 千米相去不远。有趣的是，绝大多数现代人尽管都学习过关于地球的知识，但在日常思维中还是经常把大地看成平的。话说哥伦布 1492 年从西班牙出港向西航行的时候，社会上大部分人对他的前程依然不予看好，认为他的船会在世界的尽头从海水边缘掉落下去。不过，哥伦布不信这个邪，他很清楚他将面对的危险比大地的边缘要实际得多，例如风暴、船员哗变、给养匮乏，以及——可能遇到"海妖"。

【左上图】美国加利福尼亚州艺术家戴雅（Antar Dayar）约作于 2000 年的这幅画呈现了哥伦布出航前许多人心目中"扁平世界"的观念：船若航行至世界的尽头就会跌落，然后遇上可怕的怪兽。

【上图】2000 年 1 月 21 日的月全食各个阶段的拼合图像。地球投在月面上的影子始终呈现圆弧形的轮廓，显示了大地是球形的。在食甚阶段，月面出现了橘红色，这种颜色是地球的高层大气将阳光折射向月面所造成的。

【下图】这幅"世界地图"是根据埃拉托色尼那个时代的描述绘制的。埃拉托色尼管理的图书馆位于埃及的亚历山大城。这座城市在图中基本处于世界的中心地带。

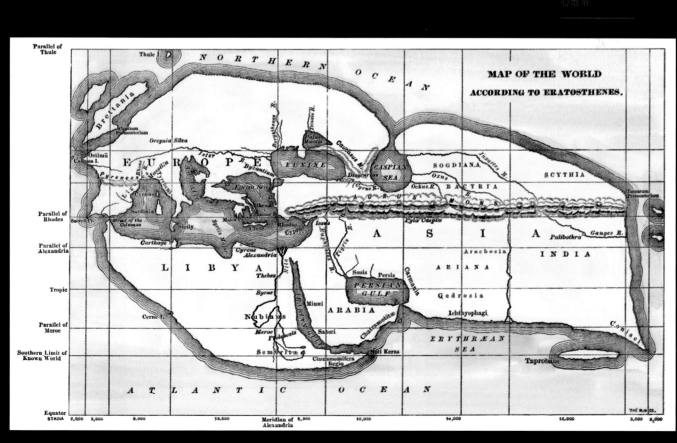

MAP OF THE WORLD
ACCORDING TO ERATOSTHENES.

5

黑暗时期的天文学

公元2世纪，希腊文明将其辉煌让位给了罗马帝国，但是罗马人涵纳了希腊的文化，因此，像托勒密这样的罗马学者依然如希腊学者那样撰写科学论文。而到了5世纪下半叶，西罗马帝国没落。此后，天文学就开始在中世纪的欧洲与中东地区各自独立发展了。

天文学与教会

在罗马帝国的统治远去之后，欧洲就进入了一个有时被叫作"黑暗时期"的历史阶段。其间，罗马人当初取得的一些先进知识已经不再有人传承，天文学理论也都被搁进了基督教思想体系之内。在这样的环境下，天文学内部只有两个方向的原创性研究工作开展得颇为兴盛：一个是历法授时方面，因为这对于在大一统的基督教世界里安排节庆和宗教事务来说是不可或缺的；另一个就是宇宙学，因为它能使科学和神学获得某种一致性。

亚里士多德主义者的宇宙学理论与基督教神学合二为一的过程绝非一蹴而就，因为在亚里士多德的思想和圣经"旧约"的文字之间本无明显的联系，后来所谓的联系是在13世纪被巴黎大学以多明我会修士托马斯·阿奎那（1225—1274）为首的一群知识分子（亦合称"阿奎那主义者"）打造出来的，阿奎那后来还被教会封为圣徒。亚里士多德所说的"第一推动"被解释为是由上帝完成的：上帝为了在

8个不同层次的天球上完成"第一推动"，还派出了8位天使，每位负责一层，分别对应着当时知道的五颗大行星、太阳、月亮，外加一层镶满恒星的天空。在这些层的外面还有第九层，称为"天上之水"。在全部这些的外面，即是永恒不动的"净火天"（Empyreum），是上帝的居所——阿奎那主义者称其为天堂。既然认为神是全知、全能、全善的，那么天堂也就必然是完美无瑕且永世长存的，与我们腐坏易朽的地面截然不同。这些观点都成了被当时的教会认可并传授的基本教条。

授时技术也许难免显得数学化，或说精密化，但其原则上是在追求便捷，并力图避免争议。全欧洲的大学和修道院里的教师们，以13世纪在巴黎大学执教的爱尔兰僧侣塞克洛伯斯科（Johannes de Sacrobosco，1195—1256）为代表，发展出了关于"计算天文学"的教程，其中包括"日晷测时"的内容，即如何制造和操作用于昼间测时的"日晷仪"（sundial）。而在夜间授时方面，航海者和天文学家们使用"夜间测时器"（nocturnal），这种工具由西班牙航海者阿尔巴卡（Martin Cortes de Albacar，1510—1582）于1551年最早记载下来，它利用大熊座里的那几颗绕着北天极旋转的"指极星"作为"指针"，在一个采用24小时制的表盘上指示具体的时刻。

【左图】一部由柯伊涅（Egide Coignet）大约于1560年在安特卫普制造的便携式日夜两用测时仪，是日晷仪和夜间测时器的二合一。要想在夜间看时间的话，先要把代表午夜的可旋转刻度与当前日期对准（图中示例为5月7日），然后用绳子穿过仪器顶部的洞，将其吊起，再按当前北斗七星中两颗指极星的方向去转动指针即可。图中的指针正指在下午3点，显然说明它此时并未对准符合实情的指极星方向。

【右图】这是荷耳拜因（Hans Holbein）于1553年绘制的《大使》，画的是两位来到英国伦敦亨利八世宫廷中的法国官员。亨利八世既富有，又有教养，其科学、艺术知识都很精深，当然也包括天文学。从图中桌上那一堆令人眼花缭乱的仪器设备（其中有日晷仪和天球仪）也能看出这一点。

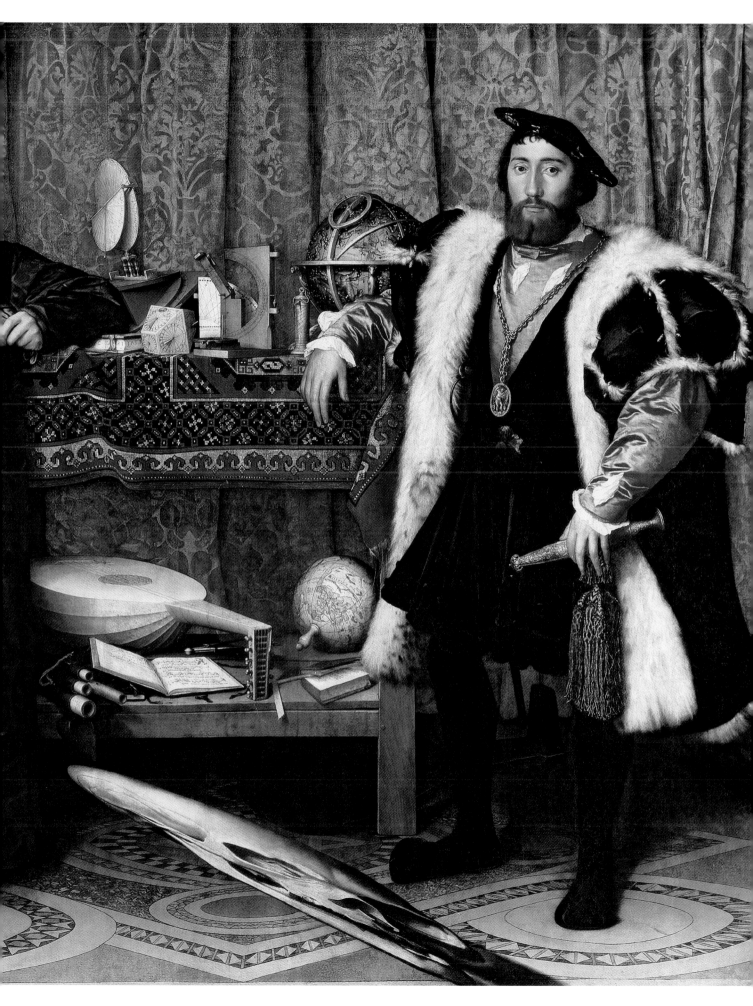

SCIPIO TVRAMINVS CRESCENTII FILVIS CV FVERIT
CAMERARIVS TEMPORE QVO GREGORIVS XIII PONTIFEX
IN PERPETVAM HVIVS REI MEMORIAM HANC TA

　　日历有一个明显的问题需要考虑。地球每一年的实际长度比365天还多大约1/4天，所以如果想让日历中的日期能长久地与大自然的季节更替保持一致，就必须每隔四年往日历里加入额外的一天时间。因此，公元前45年由罗马皇帝朱利叶斯·凯撒制定的"儒略历"就规定标准的一年为365天且每四年要多加一天，让每年的平均长度为365.25天。但即使是在这种历法下，季节与日历日期之间还是以极慢的速度丧失着同步性：由于自然中每年的长度其实只有365.24219天，结果到了16世纪时，自然节令与日期之间积累的偏差又已经超过了一个星期。这个问题最后被西方教会解决了：1582年，根据教皇格里高利八世的谕令，历法进行了改革，这一年10月份的日历中被"抠"掉了十天，另外还补充了新的历法规则，即"每逢整百年，不加闰日，但每逢整四百年，闰日照加"。不过，此次改历之前各个世纪的历史日期，仍按原样被全欧洲接纳认可了下来，无须另行换算。

　　欧洲人使用历法要做的最关键的事情之一，就是确定复活节的日期。这个节日纪念的是耶稣在十字架上受难殉道，而耶稣受难日要根据犹太历法中的逾越节的日期去推算确认。犹太历法在制定时既考虑太阳的年度运动，也考虑月亮的月度运动，所以逾越节的日期规定较为复杂，即"每年春分之后第一次出现满月的日子"。由于当时人们对太阳运动的推算并不精确，而对月亮运动的推算更加不精确，所以竟致出现了不同教会可能选择不同的日期庆祝复活节的窘况。好在这一问题也随着1582年的改历会议而宣告解决。不过，某些东方教会至今也没有接受16世纪这次改历的决议，于是他们与与欧洲仍然不在同一天庆祝复活节。

6

天体的运行：哥白尼

尼古拉斯·哥白尼（Nicolaus Copernicas，或拼作 Niclas Koppernigk，1473—1543）生于波兰的托伦（Torun），先后在波兰克拉科夫、意大利的波隆那和费拉拉几个地方读书。在意大利，他开始对天文学和医学感兴趣——值得指出的是，在当时，医学这个学科被认为是与天文学有联系的。1500 年，他在罗马进行了天文学方面的演讲，1503 年回到弗龙堡（Frombork）天主教会成为教士，并在这个职位上工作终身。

相信许多当老师的人都有过这种感觉：自己教给学生的某些知识，其实自己也理解得并不透彻。哥白尼当时肯定也曾经这么觉得。在根据托勒密的"本轮－均轮"体系来讲授行星运动的规律时，他意识到，这套理论在形式上和逻辑上都并非那么完美——某些为了计算本轮而人工设定的几何架构看上去相当武断。此外，"太阳绕地球转一圈的周期"（即一年）为何必须依靠每一颗大行星的本轮运动才能求出来呢？奥地利天文学家波伊巴赫（Georg von Peurbach，1423—1461）曾经这样写道："毋庸赘言，若干缘于太阳运动之因素，已然为各行星之运动所共享。故云太阳之运动，不

惟能统摄各行星之运动，且应为推演各行星运动之参鉴。"哥白尼对此深感赞同。

哥白尼开始在弗龙堡传阅他个人的一份心得笔记。这份手稿指出，波伊巴赫关注过的那种行星轨道构想，可能正是太阳系各个天体最真实、最自然的运动状态——太阳位于中心，地球绕它运转。而从地球上观察到的各大行星运转轨迹中的"奇特"之处（比如偶尔逆行），正是那些行星也如地球一样绕太阳运转的结果。在一位学生的建议下，哥白尼就这个观点写了一本小册子，在反复验证并认为无懈可击后，这位学生又鼓励哥白尼将其扩写成真正的专著。这位来自奥地利的学生后来也成了天文学家，他名叫劳琛［Georg Joachim von Lauchen，又名"雷提卡斯"（Rheticus），1514—1570］；这本于 1543 年经他运作后终于在纽伦堡正式出版的书，就是著名的《天体运行论》。书中，哥白尼提出，行星从内至外按如下顺序绕太阳运转——水星、金星、地球、火星、木星、土星，而月亮绕地球运转。这本书奠立了新的太阳系结构学说——日心说。临终的哥白尼在病榻上抚摸着一册刚刚印成的《天体运行论》，很快就离开了人世。

为了免于来自保守势力的打压，雷提卡斯给这本书写了一篇序言（但并未署名，因此不知情的人会以为这篇序言也出自哥白尼之手），其中辩解道，作者并不是真的认为地球会绕太阳转，而只是提出了一套更为简便易行的天体运动推算方法。不过，这本书毕竟道出了火星、木星、土星等"外行星"（即比地球离太阳更远的行星）有时会在天空中逆向运动的真实原因：离太阳越近的行星，公转时的速度越快。这就好比一场赛跑，假设内道的那位选手跑得更快，那么当他刚跑进弯道时，尚能看见外道选手领先，而他一旦跑完弯道，就把外道选手甩在身后了。

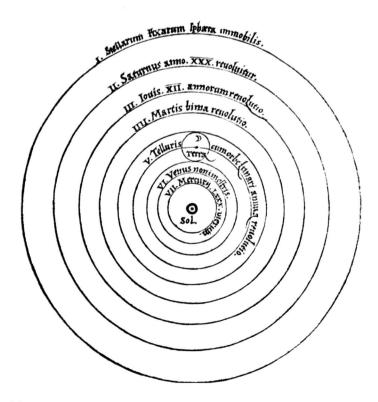

【左图】雷提卡斯将一本刚刚印刷装订好的《天体运行论》递给病榻上垂危的哥白尼。

【下图】根据托勒密的理论系统绘制的火星轨迹图。地球居中，"火星的运动路线"相当复杂，起于1580年（中心偏右），路线中靠近地球的那些小转折用来解释火星在天空中逆行的时期。此图选自开普勒1609年探讨火星运动的专著《新天文学》，是他根据第谷·布拉赫的观测数据绘制的。开普勒支持日心说并有所发展，他用此图作为对照，来衬托新理论中行星的轨道是多么简单明了。

此书的大部分内容是令人望而生畏的技术演算，因此最初大多在学者圈子里被流传和评介，其关于地球绕太阳运行的主要假说并没有招致太多反对。但到1546年，由于与基本教义派神学家、多明我会的托罗萨尼（Giovanni Maria Tolosani，约1471—1549）的经书相抵触，《天体运行论》开始遭到批判。不过，直到1610年伽利略运用望远镜的观测结果支持了哥白尼的理论后，这本书才真正被放到了社会的聚光灯下。

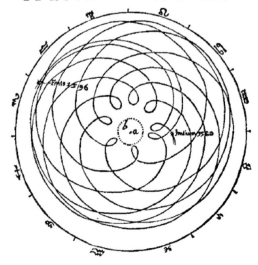

DE MOTIB. STELLÆ MARTIS

测天在"星城"

哥白尼为了检验他的日心说是否真比托勒密的学说优越，也不得不依靠原有的行星位置数据。而在他死后不久降生的一位丹麦天文学家，给 16 世纪下半叶的天文学提供了大量比过去精确得多的数据。这位观测大师的名字很长（叫作 Tyge Ottesen Brahe de Knudstrup），所以通常称为第谷·布拉赫（Tycho Brahe，1546—1601）。

第谷在 14 岁时就已对天文有了兴趣，当时还是学生的他已经注意到了课本里的行星位置数据表与实际情况有所偏差。他下决心尽自己全力去编制更加精确的星历表。1572 年新星事件的发生，成了他的一个契机，他勤奋地观察此星并测量其位置，最终证实了这确实是颗恒星，而不是其他什么类型的天体。他以此为主题写成的书使他声名鹊起，得到了丹麦国王弗雷德里希二世的聘用。国王将汶岛（Hven）以及岛上的一座天文台提供给他进行科研活动，这就是"天堡"（Uraniborg），后来又被他改建为"星城"（Stjerneborg）。1588 年，老国王过世，其 10 岁的儿子克里斯蒂安继位，是为克里斯蒂安四世。一开始，第谷的朋友们在幼王面前替第谷美言，算是暂时保住了第谷的俸禄。但这位新国王成年后明显表现出对天文学兴趣寡淡，远不及其父王。于是，第谷的资金被削减，汶岛的观测工作难以为继，所以他迁至布拉格，在捷克国王鲁道夫的庇护下度过了自己最后的岁月。

第谷留给科学界的无价遗产显然是他那精确的天体位置观测数据库，但除此之外，他也曾为了解释这些数据而提出过一个关于太阳系结构的理论，该理论的主张介于托勒密的地心说和哥白尼的日心说之间——地球仍然是宇宙的中心，太阳和月亮直接绕着地球运转，但是水、金、火、木、土这五大行星全都绕着太阳运转。不过，该理论会将相关的计算问题变得更加复杂，因此难以实际应用。

【右上图】第谷的太阳系模型试图在托勒密和哥白尼的宇宙理论之间做出调和，但并未成功。这幅版画见于塞拉留斯于 1708 年在阿姆斯特丹出版的《和谐大宇宙》（Harmonica Macrocosmica），展示了第谷的模型，其中五大行星都绕着太阳转，而太阳和月亮都绕地球转。

第谷·布拉赫

第谷是丹麦贵族，非常有钱，在物质生活和精神生活上都可谓随心所欲（据人推算，第谷个人拥有的财富占到了丹麦全国财富的百分之一）。他为人古怪，关于这方面的八卦传闻多得不胜枚举。他曾在一次决斗中失去了自己鼻子的一部分，于是用金质的假鼻子填补。他养过一头麋鹿当宠物，据说这头麋鹿最后因为喝醉了而从楼梯上滚下来摔死了。至于他本人死亡的直接原因，则是在一次普通的宴会上突觉内急，但又因羞于立刻离席如厕而憋尿，导致会后病发，终告不治。他的纪念雕像位于布拉格老城广场上的"我们的泰因女士"（Our Lady of Tyn）教堂内，雕像中的他身穿甲胄，体型肥胖，面颊下垂，有一副大胡子。

【右图】身着丹麦贵族华丽服饰的第谷·布拉赫。这是已知唯一的容貌可信的第谷肖像，是在他活着时绘成的。原画已佚，这里看到的是复制品。

"天堡"与"星城"

第谷的天文台拥有许多当时最先进的实验室和设备，其中包括一架名声在外的巨型壁式象限仪，还附有图书馆和可以安放各类便携式天文观测仪器的平台，以及三间接待来访科学家与贵宾的大厅、数间供助手使用的小办公室。天文台的一百多位助手来自遍及全欧的多所大学，工作期间食宿全部免费。第谷对保护自己的观测数据极为在意，所有助手必须事先签署保密协议才能使用这些数据。这座天文台除天文学之外还兼有其他学科的研究项目，如化学、医药、高级园艺、气象、制图等。它是最早的现代意义上的天文台。

ORTHOGRAPHIA PRÆCIPVÆ DOMVS ARCIS VRANIBVRGI in Insula Porthmi Danici Venusia, *Vulgo* Huenna, Astronomiæ instaurandæ gratia, circa annum MDLXXX, à Tychone Brahe exædificatæ.

【左上图】这是第谷的第一座科学园——"天堡"，其有迪士尼风格。不过，据可靠的考证，这座城堡并未为天文观测基地使用过，因为它里面的很多观测设备在高塔上，而北海（North Sea）常有的狂风会把这吹得一直抖动，无法保证测量精度。另外，比起第谷勃地筹划着的那些要新建的巨大仪器而言，这座城堡也显得太狭小了。

0

【左图】"星城"是正使用的天文台，它主体都藏在地下，则安置在与地面基的平台上，免于大风的

8

伽利略

世上有许多种版本的"历史上最著名的十位科学家"排行榜，但不论哪个版本，恐怕都少不了伽里雷·伽利略（1564—1642），在有些版本中他还高居榜首。这样的荣耀，一部分是出于他的成就引人注目，另一部分也出于他反抗保守权威的立场。这种抗争精神很容易让人联想到伦敦的皇家学会的箴言"敢求世人所未知"（Nullius in verba）。不过，若想拿这句箴言来形容伽利略，或许还要打点儿折扣，因为当他的学说把他摆到了教会的对立面上时，他选择了向罗马的宗教裁判所"悔罪"，以求自保。

伽利略于1592年起担任帕多瓦大学教授，1609年，他得知了望远镜这种新发明。望远镜诞生于荷兰的米德堡：光学师傅李普希的孙辈在店里玩耍时偶然注意到，只要透过按特定顺序排列的两枚特定类型的镜片，就可以把远方港口里船只的桅杆看得更清楚。李普希试图将这一技术作为专利保护起来，但没保护住，于是社会上很快就出现了一批望远镜制造商。

1609年，伽利略动手制作了自己的望远镜，其放大率为3倍（局部为8倍）。这一年稍晚些时候，他又在此基础上改进出可放大20倍的望远镜（译者注：注意，对于天文用途来说，望远镜还要讲究口径，如果口径不够大，倍数太高也没什么意义）。他将一架这样

的望远镜提供给威尼斯市政府，并请了一批当地政要前往高塔顶端去体验望远镜的威力。官员们通过望远镜看清了远处港口中船只的许多细节，这在过去是难以想象的。他们决定增加伽利略的薪酬，以资奖励。

这一年的11月和12月，伽利略开始用望远镜观察星空，以研究天文。其实，伽利略并不是第一个这么做的人——"新世界"的殖民者、数学家、地图绘制专家哈里奥特（Thomas Harriot，1560—1621）才是。但是，哈里奥特并未出版过著作。无论如何，伽利略意识到：自己通过望远镜看到的现象，必将引发天文学的一场革命。

伽利略使用自制的望远镜发现月球表面既有山脉，也有深色的平坦地区，后者当时被他以为是像地球上一样的海洋，现在我们知道那是被尘埃覆盖的平原。月球自身不会发光，只能反射一部分太阳光，而伽利略在月面明暗分界线附近的暗部一侧，发现了一些孤立的光斑，这显然是某些山峰的顶部，它们会比山脚下的地方更早迎来阳光的照耀。这一观察结果说明月亮的表面相当粗糙，而传统的看法却认为地球之外的其他天体都是光洁无瑕的。传统观念遇到了挑战。类似的挑战在伽利略发现太阳表面的黑斑（即太阳黑子）后再次出现。通过从地上看到的月球的样子，伽利略联想出了从月亮上看到的地球的样子，进而推断：其他天体与地球在物质形态上并不具有根本的区别。

1610年1月初，伽利略开始观测木星。在第一天，他看到木星旁边有三颗小星排成一条直线，当时他认为这是三颗很暗的恒星。然而，第二天他惊讶地发现，这三颗小星已经跑到了木星的另一侧。在接下来的一周里，他渐渐认识到，这些小星从来不会远离木星，它们不断改变着与木星的位置关系，而且它们彼此之间的排列顺序也会改变，总数也不是三颗而是四颗。为什么这些小星总是能排成直线，彼此换位，还能"穿越"木星呢？十天之后，伽利略灵光一现，找到了答案：它们其实是在绕着木星运转，正如月球绕着地球运转一样。木星，居然拥有自己的四个小月亮——简直是一个迷你版的太阳系。这一发现，给哥白尼的日心说增加了有力的支持。

【左图】梅迪奇家族的御用画师、来自安特卫普的苏斯特曼（Justsu Sustermans）在伽利略在世时为他创作的肖像。这是伽利略晚年最后的肖像之一，画面中还能看见他的望远镜。

【右图】伽利略的两架望远镜（很可能是他自制的）现在被安放在一个特制的展示架上，架子下部椭圆形的象牙装饰的中心则固定着伽利略当年发现木星卫星时使用的透镜片。伽利略曾将这片透镜赠送给大公爵费迪南德二世。镜片上的破纹是早期展览时维护人员不慎摔的。

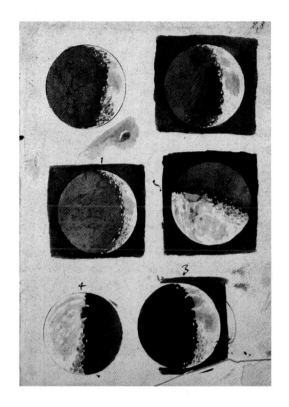

【右图】伽利略对月球做的水彩素描，此图被装订在他名为《星星的信使》（*Sidereus Nuncius*）的手稿复本中，现藏于佛罗伦萨的国立博物馆内。很明显，这是伽利略在1609年年底或1610年年初观察月球时亲手画的。

【下图】在1623年出版于罗马的著作《试金者》（*The Assayer*）中，伽利略用图片展示了他通过自己的望远镜看到的行星是什么样子的。火星（右上）只是单纯的圆盘，而土星（左上）则复杂一些。金星（下侧一列）则呈现出相位变化，从大而细的月牙状，到小而圆的满月状。要想能解释为什么从地球上看到的金星会出现这样的变化，必须认为金星是个绕着太阳运转且依靠阳光来照亮的固体星球。

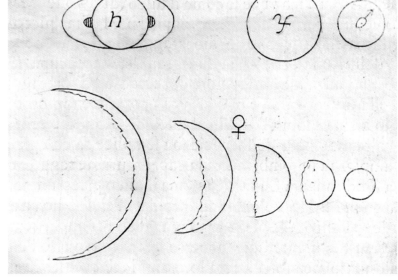

　　木星系统的发现很快为伽利略带来了实惠：他将这四颗木卫合起来命名为"梅迪奇星"，用来讨好佛罗伦萨地方的统治者——梅迪奇家族的首领科西莫二世（Cosimo Ⅱ），因为伽利略在此人年少时曾经给其当过数学家教，并寻求其庇护。不出所料，科西莫二世得知"梅迪奇星"后十分高兴，为伽利略提供了一个宫廷职位。

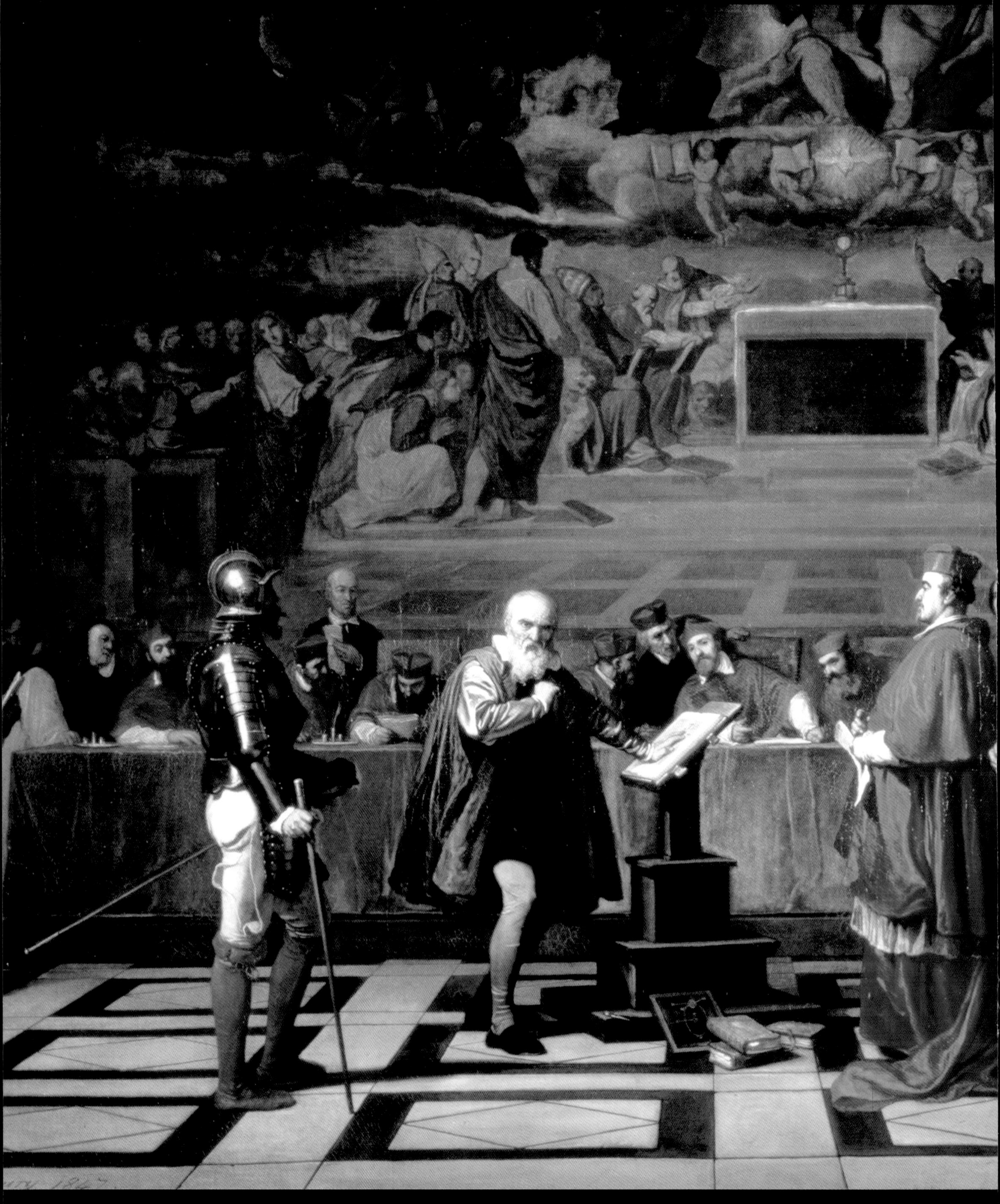

伽利略与教会

刚开始，伽利略的观点在梵蒂冈的智囊团那里并非不被接受——这个由来自欧洲各国的科学家组成的联合团体肯定伽利略的发现是科学的进步。但是，他们最终还是让伽利略陷入了可怕的麻烦之中，尽管有像白拉尔明（Cardinal Bellarmine）这样的朋友在保护，伽利略也无法从困境中脱身。他遭到宗教裁判所的审讯，并在经历了长时间的调查之后，被判以"异端"的罪名。他的保护者也在压力下同意宗教裁判所向他展示刑具进行恫吓，只要保证不会真给伽利略上刑即可。深知形势险恶的伽利略决定屈服，并发誓放弃自己的学说。此后，他被软禁起来，并被告知严禁宣讲哥白尼学说——即便是仅将其作为理论假设也不可以。1642 年，已经失明的伽利略在自己家中去世。

【左图】法国画家罗伯 - 弗廖瑞（Joseph-Nicolas Robert-Fleury）于 1847 年创作了这幅画。画面中，伽利略面对着梵蒂冈的宗教官员，身旁站着一个看押他的面色冷酷的士兵，房间的墙上挂的巨画是拉斐尔的《圣餐上的辩论》（*Disputa del Santo Sacramento*），其画面深具隐喻性：一层云彩把画面分为上下两部分，上为圣灵和永恒不变的天界，下为尘世中一群愚蠢、好斗的人在争论，参加者有各国的理论家、异教徒和教皇，正如那些坐在审判桌后讯问伽利略的宗教法官。伽利略坚定挺立，凭着他从那些散乱堆放的书籍中积累起的经验和学识，为自己辩护，反驳面前这些顽固的保守派。必须指出，这是一幅带有英雄主义气息的浪漫派画作，旨在嘲讽当时的教会，它呈现的故事场面与历史原貌并不一致。真实的伽利略受审情形很可能是这样的：一个衰弱的老人，经不住刑罚的威吓，跪在地上，用颤抖的手抚住圣像，谦卑地表示"忏悔"。

【右图】波隆那画家克莱蒂（Donato Creti）于1711年创作的《天文观测：木星》。《天文观测》是一系列带有乡野景色的天体图像画，是画家受马尔西格里伯爵费迪南多（Luigi Ferdinando，1658—1730）的委托而创作的，共有八幅，这是其中一幅。后者打算将这套图画当成礼物进献给教皇克莱门特十一世，以期使之成为波隆那天文学会的赞助人。伯爵的使者带着这套礼物成功取悦了教皇，相应的天文台也于1714年建立起来，是为意大利的第一座大众天文台。在这套画中，克莱蒂亲笔的只是其地面风景和人物的部分，而画面上部那些有代表性的天文现象都是他聘请细密画家曼齐尼（Raimondo Manzini，1668—1741）添上去的。曼齐尼依据的则是天文学家曼弗雷迪（Eustachio Manfredi，1674—1739）用其私有的望远镜观测得到的天体素描和笔记。添画过程中，他也得到了曼弗雷迪的指导。在这幅《木星》中，近处有一台已架起的望远镜和两位天文学家，二人正在讨论其观测内容。木星及其两侧的四颗大卫星都被画了出来，木星表面上还描绘出了六条主要的云带以及"大红斑"。

望远镜中的风景

伽利略自 1610 年 9 月起有了观测金星的机会。到 11 月中旬，他发现金星像月亮一样拥有相位变化。他使用一种自创的密码公布了这一发现，又过了些时日才公布解开密码的方法。采用这种分为两阶段的信息发布方式有两个好处，一是给自己进一步确认新发现留下了足够的时间，二是在解密信息传递到相应读者手中之前，即使不慎走漏了风声，有别人听说之后撒谎来冒充发现者，也不愁捍卫自己的发现权。更何况，万一最后证实自己的发现有误，还可以永不公布解密方法，以免贻笑大方。1610 年 10 月，伽利略在给驻布拉格的托斯卡纳大使朱利安诺·梅迪奇的信件中写下了暗语：Haec immatura a me iam frustra legunturoy。这可以被看成一句蹩脚的拉丁文"这我很早就已徒劳地尝试过"。

信件解密后，此话的真面目出现——Cynthiae figuras aemulatur mater amorum，意思是"爱（指金星）的母亲仿效着辛西娅（月亮女神）的形状"。伽利略还注意到，在金星从月牙形逐渐变成圆盘形的过程中，它的视直径也逐渐减小，这说明它在这个过程中离地球越来越远。而这就说明了金星的轨道有时会绕到太阳的后面去，这与托勒密的体系完全抵触。若按托勒密的错误观点，金星和太阳都绕地球运转，由于金星离地球更近，金星就无论在任何时候都不能像满月一样呈现出完整的发亮圆面了。

通过自制的望远镜，伽利略还看到了许多因为太暗而从未被见到过的恒星。他发现银河可能是由多到难以计数的小星星组成的，这些星的微光聚集在一起，形成了我们眼中银河那牛奶般的光芒。他以他首次用望远镜观测一些著名的恒星密集区（例如昴星团、鬼星团，以及猎户座的"腰带"和"剑"区）时的所见为例，来说明这些新发现的暗星的数量之多。先不管这些观察能够得出多少科学结论，至少这已清楚地反驳了"恒星是为体现人类的利益而创造的"这一旧观念——因为那些用肉眼根本看不到的暗星根本不可能代表什么与人类利益有关的含义！

伽利略的诸多发现加起来，足以对亚里士多德的宇宙图景和托勒密的太阳系模型构成有力的挑战，也足以证实哥白尼对太阳系的面貌的阐述——地球只是绕着太阳运转的一颗行星，而天幕上的恒星与我们的距离远得难以想象。

伽利略用了数周时间，把他的观测结果以及他对结果的分析写成了一本书《星星的信

【上图】这是画家克莱蒂的《天文观测：金星》。画面展现的是黎明时分，两位天文学家在河岸上，一人坐着，另一人站着，正在探讨对金星的观测，他们身旁有一架被装设在象限仪上的望远镜（部分被树遮挡）。画面前方绘有一位坐着的少女，她脱掉了鞋，显然是刚走完长路正在休息，同时又在充满好奇心地深思着。金星被描绘成巨大而纤细的月牙状，表面并无其他特征。

使》，并将书寄给了欧洲各国的科学同行。这些收到书的人之中就有开普勒。开普勒看了这书，立刻自制望远镜进行观测，证实了伽利略的结论，并且写了一篇学术报告对伽利略表示支持。不过，其他科学家大多不支持伽利略，甚至不愿意在天气晴朗时亲自通过望远镜去试着观察一下，因为他们不愿意承认这样一个事实：这本书已经把原来大家头脑中那个因完美无瑕而引人喜爱的关于宇宙、生命和其他一切的理论体系给彻底打破了。如果说哥白尼的《天体运行论》是关于天文学的观念与技术革新的，那么伽利略的书则意味着人类智慧和精神的一次变革，因此其中必然有些内容让当时的人们一时感到无法接受。

9

宇宙图景的奥秘

约翰尼斯·开普勒（1571—1630）利用第谷·布拉赫（参见第 26 页）留下的精准的观测数据，发现了行星轨道的真实形状。开普勒出生于斯图加特附近，早年尝试努力谋取一个教士职位，但从 1594 年起在奥地利的格拉茨（Graz）当了数学教师。他赞同哥白尼在五十年前提出的日心说理论模型，并且相信各行星轨道尺度的相对比例与标准几何体（正四、正六、正八、正十二、正二十面体等）的参数是相关的。1596 年，他阐述这一理论的书《宇宙图像的秘密》出版，但是书中运用标准几何体解释行星轨道大小的做法，即便结合当时不够准确的观测设备和数据来看，说服力也显得不太足，若放在今天来看就是根本不对。尽管如此，此书还是体现出开普勒的学术思维已经开始成长：他想为行星运动轨道的实际状况找出一个潜藏在数学层面的解释。

在宗教改革运动兴起的时候，开普勒作为生活在奥地利的路德派新教徒，遭到了天主教势力的迫害。决心不当天主教徒的他于 1600 年迁居捷克的布拉格，给第谷当了助手。次年，第谷去世，开普勒接替了他，成为捷克国王鲁道夫的御用数学家，其工作任务包括为王公贵族进行行星盘占卜，当然也包括为国王本人占星并借此向国王提出政治上的建议。同时，他也顺理成章地继承了那些第谷生前视若珍宝的高精度行星运动观测数据。借助由哥白尼和伽利略提供的正确思路，加上第谷那如虎添翼的实测资料（特别是第谷对火星的观测记录），开普勒已经具备了揭开行星轨道形状之谜的条件。他发现行星的轨道不是正圆形，而是椭圆形，并且算出了行星在轨道上不同位置时其轨道的曲率。

鲁道夫国王于 1611 年逝世后，布拉格的宗教信仰氛围也随即卷入了新旧两派之争。开普勒被迫于次年迁往林茨。但即便这样，他也没能脱离教派冲突的漩涡，他的母亲被一个牵涉其家族经济纠纷的恶毒女人诬告为"女巫"，他不得不奋力保护母亲。不过，他还是分出精力坚持尝试完善他关于各大行星轨道比例的一系列定律，以取代他早年用几何体作为基准参数的那些假说。1619 年，他阐述自己的"行星运动和谐法则"的书《世界的和谐》终于出版。

开普勒的行星运动三大定律，有着可靠的过往观测数据作为实证基础，因此也可以用于精准地预报行星未来的位置。这些预测成果在 1623 年以"鲁道夫星表"为名问世，这是开普勒在对他曾经的庇护者，即鲁道夫国王表示纪念。

英国的布匹商人、业余天文学家夸伯垂（William Crabtree，1610—1644）和教士霍罗克（Jeremiah Horrocks，1618—1641）运用"鲁

道夫星表"预测出了儒略历 1639 年 11 月 24 日的金星凌日天象,这也是开普勒行星运动理论的一次胜利。可惜开普勒本人未能活到这次金星凌日真正发生的那天。但无论如何,若不依靠他的成就,仅凭 16 世纪的理论水平去预测这种需要极高计算精度的天象,绝对是天方夜谭。

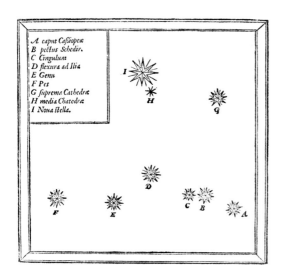

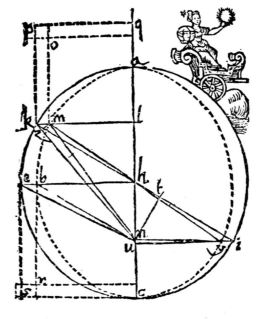

【左上图】开普勒早期的太阳系运动模型用一系列嵌套着的标准几何体去拟合各大行星的轨道尺度。

【左下图】业余天文学家夸伯垂在自家布匹店的顶楼内观看 1639 年的金星凌日。这是英国画家布朗(Ford Maddox Brown)绘于曼彻斯特市政厅里的壁画。

【中间图】第谷目睹 1572 年爆发的新星之后绘制的星图。其图例以拉丁文标写,字母 I 代表那颗新星。图中其他的星属于仙后座,第谷也标出了注释以便识别星座的形象,例如 A 代表头部、F 代表足部,等等。

【右上图】开普勒在其《世界的和谐》一书中描绘出了火星的椭圆形轨道。

开普勒的行星运动三定律

在第谷的行星观测数据基础上,开普勒用自己的第一定律宣称,行星绕日运动轨道既非正圆,也非那一系列被称为"本轮"的小圆形连缀成的形状,而是椭圆形。以这个定律为基础,他的第二定律指出,行星在椭圆轨道上运行至离太阳较近时,就会走得快一点,远时则慢一点。换句话说,如果从太阳到行星两点间作一连线的话,该线段扫过的面积在相同的时间长度内应该是相等的。开普勒关于行星运动的第三定律则是:"行星轨道周期的平方,与它和太阳距离的立方成正比。"

开普勒的三个定律揭示了行星轨道背后的数学魅力。但是,究竟为何会存在这样的数学关系呢?这一问题此后近半个世纪内都是不解之谜,直到有一个人创立了引力理论——那个人就是牛顿。

【右上图】约翰尼斯·开普勒 1610 年的肖像,作画者不详,他手持的很像圆规的工具叫作分度计,用于从地球仪、天球仪或地图上量取距离,对他的天文计算而言无疑是得力的助手。

1572年和1604年的新星

1572年的某天晚上，第谷参加完一场宴会，乘坐自己的马车回府途中，发现一群农民正在惊奇地望着仙后座的天区。让他们注目的，是一颗新出现在那里的亮星。当年亚里士多德提出过恒星永不变化的理论，而这一事件对此形成了挑战。

第谷观察了这颗新星一年多。其间他从家乡搬到了希里施维德（Heridsvad），观察亦未间断。他每晚坚持测量这颗新星的位置（此星目前亦被称为"第谷新星"），发现它的位置哪怕是连一丁点儿的变化也没有——也即其视差为零（视差是指地球每年运转到轨道上不同位置时，看较近的星星相对于远方背景星的位置会有偏差的现象），由此他判定这颗星的距离远大于月球和其他行星的轨道，与"恒星天"上其他位置固定的恒星一样遥远。

又过了32年，另一颗新星出现，给亚里士多德恒星永恒不变的理论钉上了最后一块棺材板。当时，开普勒已经接替了第谷的工作。这颗出现于蛇夫座的新星虽然不是由开普勒发现的，但由于是开普勒在1606年归集整理了关于该星的观测资料，该星仍以"开普勒新星"的别称闻名于今。

今天我们已经知道这两次事件都属于"超新星爆发"。通过更好的望远镜可以看到，这两颗星出现过的位置上，如今都有当年留下的球形遗迹，星体抛向星际空间的气体已经形成了巨大的泡状结构。

1573年，第谷在《新星》中这样记述他的发现："去年十一月十一日既暮，夜空清透，余如惯常所行，仰玑宸而凝思。忽见迥异之新星，耀目拔群，几可映明余身。夫遍识天上之星，本不甚难，况余自幼熟谙列宿，故立判此星所在之处原本空旷，虽一小暗星亦不曾具，遑论此等雄辉。"

后来"开普勒新星"出现时，火星和木星的位置恰巧接近，而新星又正好位于它们旁边。这一景象对当时的占星家来说意义极为重大，被说成是"八百年大循环的开始"云云。此前两次类似的新星事件分别发生在公元800年左右查理曼大帝兴起时和公元初年耶稣诞生时，因此开普勒也认为这颗新星意味着某种类似当年"伯利恒之星"吸引三位东方博士朝觐圣婴的大事件将要发生。而当年火星、木星的接近，也被认为是上苍宣示鲁道夫国王将遇到大事。

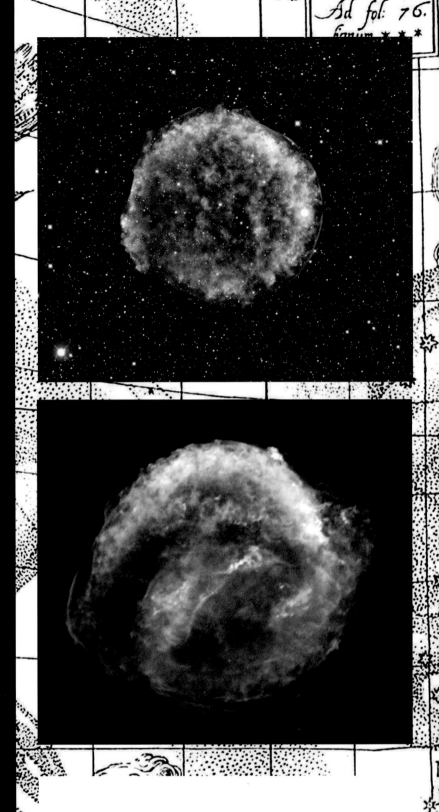

【上方两图】第谷超新星（顶部）和开普勒超新星（上部）的遗迹都是炽热气体组成的球壳状结构，源于四百多年前其中心恒星分崩离析时向四外抛出的剩余物质。抛射物与周围的星际气体发生碰撞并将其加热，而被加热的气体就是上面两图中最主要的显像成分。这两幅图是由环绕地球飞行的两架太空望远镜"钱德拉"和"XMV-牛顿"拍摄的，它们都对X射线波段的信号敏感。

【背景图】开普勒在他《论"蛇夫"足部的新星》一书的插图中用字母N代表1604年的新星。图中，蛇夫座（也就是持蛇者的形象）正在与巨蛇缠斗。巨蛇在当时被视为疾病的代表，而蛇夫座则是医生的代表。

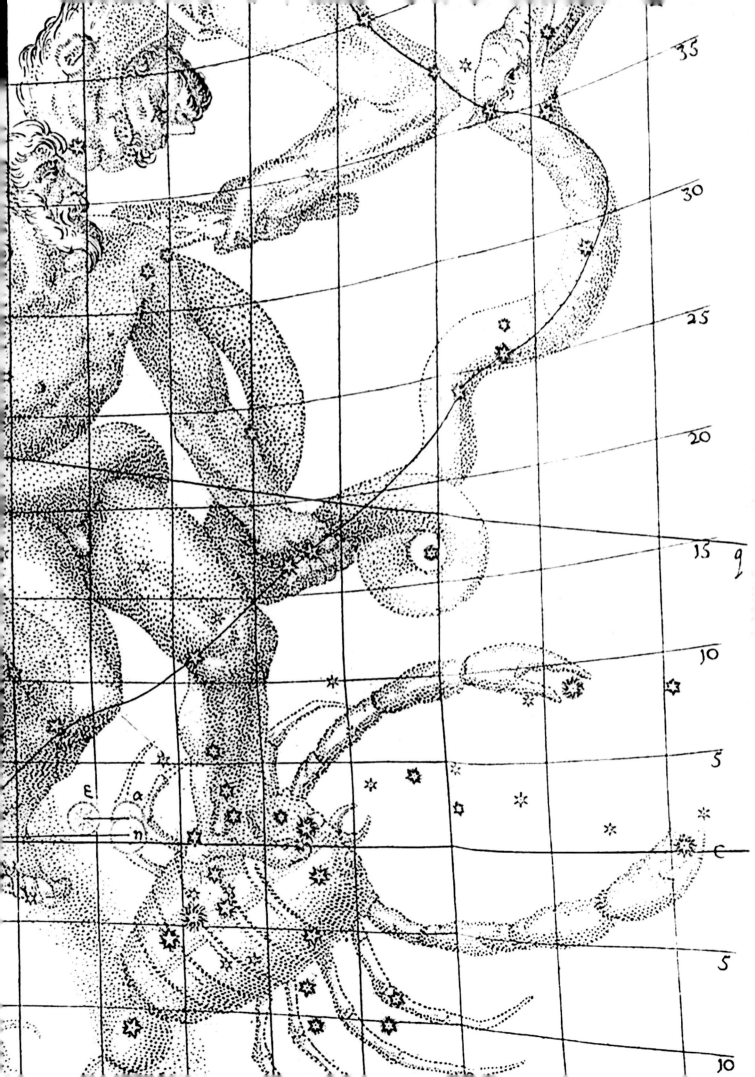

10

无处不在的引力

在 伽利略辞世那一年，伊萨克·牛顿（1643—1727）出生了。青年时期的牛顿就读于剑桥大学的三一学院，在他获得学位后不久，学校就因为当年那场著名的大瘟疫而暂时关门大吉。牛顿只能回到位于乌尔索普（Woolsthorpe）庄园的自家农场居住两年，并坚持自学。牛顿晚年很爱反复讲的那个被人熟知的故事（恐怕也被他自己添油加醋过）就发生在这个时期：一天他坐在苹果树下沉思月球绕地球运动的问题，忽然看见一颗苹果掉到地上，由此受到启发，意识到使苹果与地球接近的作用力也应该是维持月球绕地球运转的力。他发现了引力定律，并用公式将该定律更加严谨地表示为"两物体沿着彼此间的连线相互吸引，引力的大小与两物体的距离的平方成反比"。

在中断几年之后，牛顿于 1679 年重新开始研究引力法则与开普勒的行星运动定律之间究竟是何关系。他与好友哈雷（Edmond Halley，1656—1742）讨论了这方面的问题。在哈雷的建议下，牛顿把自己的成果充实成了一本以拉丁文写就的专著《原理》（*Principia*），并于 1687 年出版。在这本书中，牛顿用像几何证明那样的严谨性，利用数学和逻辑工具表达出了他的引力理论，成了科学定律表达的样板。他的这一理念也被哲学界吸收，从而为法国的思想启蒙运动提供了智力资源。牛顿本人也由此成了理性思维的标志性人物之一。与之相伴的另一个结果是，他被后世的布雷克（William Blake，1757—1827）等浪漫派作家斥责为那些冷冰冰的、无感觉的"动因"（reason）的代言人。

1705 年，哈雷运用牛顿的理论成果，通过令人目眩的计算推知 1682 年出现的大彗星与 1531 年、1607 年两次彗星事件的轨道相同，亦即这三次事件应是同一颗彗星的三次回归。哈雷由此预言，这颗彗星以 76 年为周期，故将于 1758 年再次回归。这个预报果然应验，遗憾的是当时哈雷已辞世 16 年之久，未能亲见。

【右图】布雷克于 1804 年用水彩绘制的《牛顿》，画面还用钢笔和墨水描过，以增强表现力。画家毫不留情地把牛顿用精致的神像绘画风格展现出来，画面中的牛顿正冷静地用分度计测量着一张几何图稿。布雷克批判严苛的理性，致力于提倡创造性的想象。

牛顿于 1703 年出任伦敦的皇家学会主席，两年后受封骑士，这是科学工作者首次获得此项英国皇家殊荣。位高权重的牛顿后来又兼任格林尼治皇家天文台的管委会主席，这一知名天文台建于 1675 年，最初的宗旨是使天文技术服务于航海。其首任台长弗拉姆斯蒂德（John

Flamsteed，1646—1719）曾组织以空前的高精度进行的对恒星、行星、月球位置的测量，还曾通过测定太阳从该天文台正南方经过的时刻去监测地球的自转。他建立的时间参照系就是"格林尼治平均时间"，这最终成了当今全球的时区划分和经度体系的基础。

弗拉姆斯蒂德启动了关于用推算行星和月亮的位置服务于海上导航的理论探索，其成果最后转化为《海员通用年历》（*The Nautical Almanac*）。不过，弗拉姆斯蒂德在工作中谨守建台初衷，不愿公开任何未经处理的原始数据，而牛顿却希望弗拉姆斯蒂德及时拿出数据，与科学界进行交流，推进关于引力的科学理论的发展。于是，两位科学巨匠围绕"究竟什么才是观测活动的首要目的，是实用目的还是纯理论目的"展开了激辩乃至恶斗。在哈雷的居间调停下，两人妥协，弗拉姆斯蒂德答应提供介于原始数据和最终结果之间的过渡数据给牛顿，但仅供牛顿个人在科研中参考。所以，当后来有一天弗拉姆斯蒂德路过伦敦的一家书店，并在里头见到登载着他的过渡数据的牛顿著作时，他爆发的狂怒也是我们应该能谅解的吧。

【上图】格林尼治皇家天文台的"八角厅"。该台的天文原始观测活动都是在这四间屋子里进行的。所以图中可以看到辅助计时用的钟，以及为了让望远镜能指向天顶附近区域而开到很高位置的窗子。

【下图】哈雷和以他的名字命名的大彗星。这张照片摄于 1982 年回归时，这是该彗星自从被哈雷预言会回归之后的第四次回归。

时间和经度

【上图】由建筑专家、天文学家韦恩（Christopher Wren）主持建设的格林尼治皇家天文台。它的最高处建有一个装着红色大球的标志竿，大球会定时从竿上降下，以便向附近停泊在泰晤士河港口内的船只发布时间信息。

【下图】天文学家们在巴黎天文台的楼顶上和南侧花园里架设了望远镜。

自17世纪起，新兴的贸易强国们就纷纷建立天文台，为航海活动授时，兼为绘制含有多个国家的特小比例尺地图提供经度数据。它们中开始最早的是巴黎天文台，于1667年在法国科学院的指导下建成。不过，当时各国的国立天文台都以自己的地理位置为基准来设定经度，所以它们绘制的海岸线图上的经度数值也各不相同，导致海员们从一张图换看另一张图时经常晕头转向。时代呼唤着统一的经纬度体系。关于纬度的基准线，各个国家不可能有什么异议——以赤道为纬度0度就搞定了；但经线的基准线，也就是"0度经线"要定在哪里，显然并无一定之规可循。这项工作完不成，时区系统的标准化也就无法完成，保证时间体系的理性化就更是无从说起。

在美国政府召集下，各国代表于1884年在华盛顿举行会议，讨论如何划定"本初子午线"。作为在这个定义事务上付出工作最多的两个天文台的所在地，巴黎版和格林尼治版的本初子午线自然是最有力的候选者。不过，会上也出现了中立的第三种意见：本初子午线不应该特意为了落在某个国家而选定，不妨以有代表性的自然标志或人文景观（例如大金字塔）为基准。

最后，有两个务实的考虑起了决定性的作用。首先，当时世界上大多数货运船只的船旗都是"大英帝国"国旗，而它们的计时皆以格林尼治的子午线为基准。况且，掌管着遍布北美的铁路网的众多美国铁路公司也需要把时刻表的基准予以统一，而大部分铁路公司都反对以位于华盛顿的美国海军天文台为基准建立时间体系，因为他们担心那会让那些把总部设在哥伦比亚大区的公司占据竞争优势。在仔细研究了各个铁路网及其各重要枢纽的地理位置后，众公司认为，以巴黎为基准时区并不是最便利的选择。于是，这次会议将格林尼治子午线确定为本初子午线，"格林尼治平时"（"平时"是"平均时间"的简称）也就成了当今世界时区划分的基准。

如今，人类使用的标准计时称为国际原子时，按法文表达顺序缩写为TAI。它已不再依据天文观测来确定，因为地球的自转速度并不完全恒定，每天实测出来的昼夜周期也不绝对一致。TAI的计时采用的是从1967年起使用的"原子钟"，这种安装在世界各地共二百处的钟通过测量铯原子的震荡来授时。不过，为了更加适用于人们的日常生活，TAI也要根据科学家测得的表现地球自转速度不均匀性的偏差值来进行调节，调节之后的时间叫作UTC，即"协调世界时"。UTC通过广播向全球发布。这一时间与格林尼治平时相差极少。

11

观天新眼

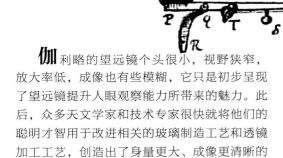

伽利略的望远镜个头很小，视野狭窄，放大率低，成像也有些模糊，它只是初步呈现了望远镜提升人眼观察能力所带来的魅力。此后，众多天文学家和技术专家很快就将他们的聪明才智用于改进相关的玻璃制造工艺和透镜加工工艺，创造出了身量更大、成像更清晰的望远镜。

依靠玻璃透镜制成的望远镜（即"折射镜"）有一个根本问题：不同颜色成分的光线通过透镜时的折射率也不同，因此会略微分散开来，不能严格地呈现本来的物像，而是使之显得模糊并带有彩色的轮廓线。这种缺陷叫作"色差"。

解决这一问题有三种思路。第一种是惠更斯（Christiaan Huygens，1629—1695）想出来的，他把镜片做得更纤薄一些，这样光线穿过镜片的路径就更短，其偏折的幅度就会减小，色差也就变弱了。还有些科学家制成了物镜与目镜相隔较远的无镜筒式望远镜，其轻薄的物端透镜安在一根高竿上，观察者在地面上透过目镜来瞄准物镜，以获得成像。但是，这种望远镜无论是对准目标还是改换目标都很麻烦，而且只要有一点微风就会使之发生抖动。不过，法国和意大利双重国籍的天文学家卡西尼（Giovanni Domenico Cassini，

1625—1712）还是使用巴黎天文台的一架无筒式望远镜发现了木星的两颗更暗弱的新卫星。

第二种思路是通过光学上的专门设计来消除色差，也就是将几种不同形状的透镜连在一起，让它们各自的色差效应正好相互抵消。这种设计就叫作"消色差透镜"，是由一位业余光学家豪尔（Chester Moore Hall，1703—1771）发明的，并由另一位光学家多隆德（John Dollond，1706—1761）付诸生产。后来到了1895年，克拉克（Alvan Clark，1832—1897）为位于美国芝加哥附近的叶凯士天文台建造了史上最大的消色差折射望远镜，口径达40英寸，即102厘米。

【右图】1684年，惠更斯建造了一架无筒式望远镜，其目镜端和物镜端用一根绳索连接着，绳索的长度正好是成像的焦距。

第三种思路是用反射镜面来取代折射透镜——既然不使用透镜了，色差问题也就自然消解了。牛顿是这一思路的首创者，他于 1668 年制成了第一台反射式望远镜。这种望远镜的主镜片如果太大，会在自身重量的作用下变形，但工程师们又设计出了很巧妙的机械结构，可以从背面把主镜支撑好。现代最大的单一镜面反射望远镜直径达 8 米左右，即欧洲南方天文台（ESO）的四架望远镜（位于智利，名为"甚大望远镜"，缩写为 VLT），以及日本的"昴星团"（Subaru）望远镜（位于夏威夷）。它们的主镜背后的支承机构全由电脑控制，每分每秒都在根据主镜姿态变化和环境变化来做出相应的微调，保证镜面的形状一直正确。而口径更大的反射望远镜也有达到 10 米的（如夏威夷的凯克望远镜，还有位于加纳利群岛帕洛马山上的"加纳利大型望远镜"），但它们都是用经过专门设计的许多小块镜子拼成的，这些小镜面在一个复杂的激光测量系统的指引下，彼此协调地工作。

【上图】芝加哥的叶凯士天文台拥有世界上最大的折射式望远镜。

【右图】牛顿于 1668 年制成了一个小型反射望远镜的样品。本书的"仿真附件 6"展示了他的反射望远镜的设计图纸。

12

新行星的发现

威廉·赫歇尔（William Herschel，1738—1822）生于汉诺威，早年是当地军队中的乐手，19岁移民英国，并在巴斯市成为职业音乐家。他的妹妹卡罗琳（Caroline Herschel，1750—1848）幼时因患天花，相貌丑陋，父亲断言她嫁不出去，她对此话印象极深，后来果真终生未婚。1772年，她受不了在汉诺威的苦工，逃亡英国投奔哥哥，成了哥哥的管家和助手。

赫歇尔利用业余时间自学天文，并制造出一架品质高、威力强的望远镜。然后，他就把每个晴夜都用来对天空做系统性的扫视（即"巡天"）。卡罗琳作为他的观测助手，每当他在镜中看到星云、星团或双星并报出来时，卡罗琳就负责进行记录。

天王星与小行星

1781年，赫歇尔注意到一个有趣的天体：它并不是一个光点，而是拥有一个明确可辨的小圆面，并且相对恒星背景而言有缓慢的移动。它被确认为一颗行星。这是自上古时代之后人们首次发现新的行星，此星比土星更远。赫歇尔称呼这颗行星为"乔治国王之星"，意指当时的英国国王乔治三世。赫歇尔在温莎堡举办了多场以观察新行星为主题的聚会，使得皇室大悦，拉近了他与皇室的关系。不过，他起的这个名字并不能让英国之外的人买账：在其他国家，这颗行星被叫作乌拉诺斯（Uranus），即天王星。不久，卡罗琳也开始独立使用望远镜观测，并于1786年发现了一颗彗星，这也是史上首颗由女性发现的彗星，故以"女士彗星"的别称流芳于世。

从这次起的二百年间，人类只发现了三颗新的大行星。有趣的是，此前在1766年，德国天文学家提丢斯（Johann Titius，1729—1796）发现了一个奇特的方程，该方程又被波德（Johann Bode，1747—1826）发扬光大：从太阳算起，各个行星的顺序号码，与它们的轨道半径之间存在着特定的数学关系。在这一关系中，水星的序号是1，土星是7，而新发现的天王星的轨道半径若对应到这个方程上，正好符合序号8的条件。不过，这个"提丢斯—波德定则"中也暂时存有一个疑问，那就是：按这个公式，火星和木星的轨道半径会被分别对应为序号4和6，于是，谁来对应那个缺失的序号5呢？

德国天文学家冯·扎克（Baron Franz Xaver von Zach，1754—1832）召集了一大批同行来寻找这颗尚未发现的"5号"大行星。事情在19世纪的第一天，即1801年元旦那天有了转机：一位并不在这批天文学家之列的西西里岛同行皮亚齐（giuseppe Piazzi，1746—1826）发现了一颗新的行星。他以罗马神话中农神（同时也是西西里地区的守护神）克瑞斯（Ceres）为新行星命名，即"谷神星"。但令学界意外的是，此后很快又有人在与谷神星轨道非常相似的轨道上发现了一些新的行星，它们是比谷神星略小的智神星（Pallas）、婚神星（Juno）和灶神星（Vesta）。所有这4颗新行星的轨道都能在"提丢斯—波德定则"中拟合为"第5颗"大行星。

【上图】赫歇尔制造并售出了数百架这种款式的6英寸（约150毫米）口径望远镜。它的红木镜筒虽然长达7英尺，但在绳索、滑轮和安装有万向轮的支架的帮助下，可以轻松地从房间中移到庭院里。观测时，只要站在镜边，通过镜面顶部侧面安装的体积小、视野宽的目镜，去观察被主镜放大了的特定天体的像即可。

【上图】赫歇尔是生于德国的英国天文学家，后受封有爵士头衔。他在他的详细而全面的巡天工作中不仅发现并整理编目了许多双星、星团和星云，也发现了天王星。

事实上，在这个轨道带中有许多的小天体，至今单是已经命名的就有数十万个，它们被统称为"小行星"（asteroids）。其中，某些个体可能曾经是一颗大行星，但被木星这样的"大块头"的巨大引力作用给扯碎了；另外更多的小行星可能只是原始小行星彼此碰撞而产生的碎块；这里还有不少极小的碎渣和尘埃，其中很少的一部分经过漫长的变轨历程，最终落入地球的大气层，成了流星（译者注：但还有很多流星的来源是彗星的遗撒物和喷发物，不全是小行星）。较大的小行星基本是球形的，但根据一些太空探测器摄得的近距离照片来看，较小的小行星轮廓通常不规则，其表面常有陨击的痕迹，而且多呈土豆形或更怪异的形状。

海王星

在发现小行星的热潮开始后不久，一颗比天王星更远的大行星也在数学的帮助下被人们认识到了，但这个故事还是要从天王星的轨道推算说起。其实，天王星在被赫歇尔发现之前，有好多次都被人看到了，但全都被观测者当成了一颗平凡的暗星。不过正因如此，关于这颗"恒星"的位置记录就成了体现天王星运动的绝佳历史资料。有了这些资料，推算天王星轨道的工作就更容易了。结果，人们发现，天王星轨道的理论值与实际值有着不能忽视的差异。苏格兰数学家萨默维尔（Mary Samerville，1780—1872）指出，这种差异很可能是天王星之外还存在着的另一颗大行星的摄动造成的，该星在天王星前面（后面）的时候，就会把天王星稍微往前推（往后拉）。在法国，巴黎天文台的天文学家阿拉戈（Francois Arago，1786—1853）也提出了类似的理论。这两位天文学家各自托付了一位年轻的天才数学家对此进行理论验证，萨默维尔找的是亚当斯（John Couch Adams，1819—1892），阿拉戈找的是勒威耶（Urbain Le Verrier，1811—1877）。两位数学高手各自独立地推算出了这颗未知行星的疑似位置。但是，亚当斯不擅社交，在算出结果后竟然劝不动任何一位同僚去认真地按他的结果进行实际搜寻，更遑论格林尼治皇家天文台的御前天文学家、脾气暴躁的埃瑞（George Airy，1801—1892）。（译者注：埃瑞最终还是做了观测，但已耽搁了很久。另有资料称勒威耶人缘奇差，以致在法国之内找不到愿意合作的观测者。）勒威耶找到的是德国的青年天文学家盖尔（Johann Galle，1812—1910），后者以极大的热情运用勒威耶的计算结果在柏林天文台做了观测，并于1846年9月23日轻松发现了这颗新的行星，是为海王星（Neptune）。

【左上图】这是旅行者2号探测器于1986年拍下的天王星照片。天王星的云层在这里显得毫无表面特征，其大气中的甲烷使其呈现淡蓝色。

【左图】这幅由哈勃太空望远镜拍摄的假彩色影像，显示了天王星的光环和它的17颗卫星中的某几颗。图中不仅能看到沿着天王星的纬线分布着的细密的甲烷云带，还能看到该星高层大气中漂浮着的一些小的明亮云块。

冥王星和柯伊伯带

天王星的发现让太阳系的已知尺度翻了一倍，而海王星的发现让这个数值又翻了一倍。这就是太阳系的边界了吗？正如天王星轨道那样，海王星的轨道在理论推算值和实际观测值之间仍有偏差。这个现象明确告诉人们：海王星之外还有行星。1906年，美国天文学家洛韦尔（Percival Lowell，1855—1916）在对这一偏差进行分析的基础上，着手寻找第九颗大行星，代号为"X行星"。1929年，年轻的业

余天文学家汤博（Clyde Tombaugh，1906—1997）受雇于洛韦尔天文台，继续进行搜寻工作。汤博对天空中相应的区域依次照相，而且隔一周后再照一遍，然后将相同天区的照片进行对比，检查是否有哪颗星移动了。如果有，则很可能是新的行星。1930年2月18日，他终于发现有一颗行星在比海王星更远的冷暗夜空中运行。这颗星后来被以神话中的冥界之王命名，即冥王星（Pluto），并被认可为第九大行星。

冥王星比人们预期的"X行星"要暗很多，这是因为它的个头太小，能反射回的太阳光非常有限。事实上，以冥王星的质量，根本不足以通过引力摄动让海王星的轨道与理论值之间出现那么大的偏差。冥王星能够被发现，还仰赖于当时它的位置正好与人们猜测的"X行星的位置"相距不远。而它与太阳的距离，也远

【左图】天王星的表面（其实是它的云层顶端）看上去缺乏特征。这倒是符合了人们的"想当然"心理：离太阳很远的地方，温度很低，所以行星的大气层也没啥活力，天气当然应该是一成不变的。但是，1989年，旅行者2号探测器飞经比天王星更远的海王星时，给我们带来了意外的信息：海王星表面不仅具有一个躁动的反气旋——像非洲那么大的"大暗斑"，还拥有一些移动速度可达每小时2000千米的白色云带。

【下图】冥王星是个极寒的岩质星球，但它的表面呈现出了明暗相间的蜜糖色，那些是固态的甲烷，在太阳紫外线的作用下，他们破碎成了黏稠的柏油状。通过哈勃太空望远镜拍摄到的冥王星圆面仅有若干个像素大小，但2010年通过计算机对一批前后相隔6天（即冥王星的自转周期）的照片进行增强分析处理后，科学家们得到了精度更高的冥王星地图。

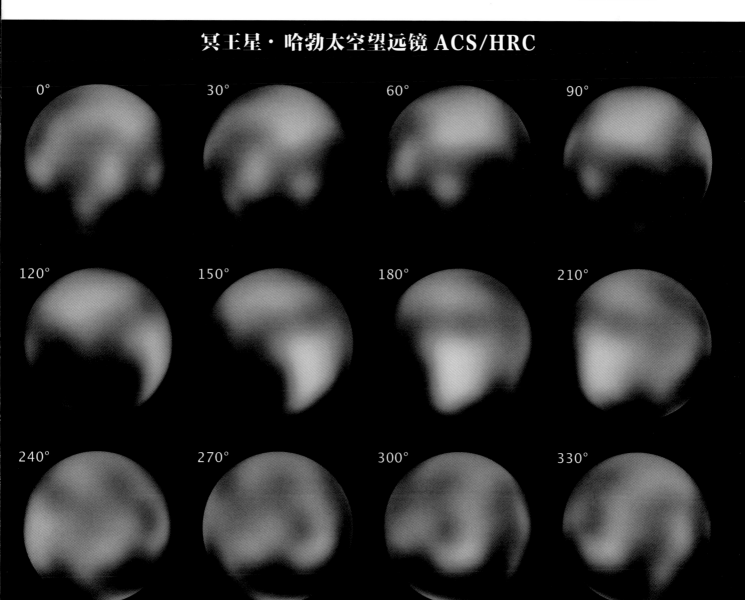

冥王星·哈勃太空望远镜 ACS/HRC

0°　　30°　　60°　　90°

120°　　150°　　180°　　210°

240°　　270°　　300°　　330°

未达到理论上推断的"X行星"应有的距离。

　　1943年和1951年，爱尔兰业余天文学家艾德沃思（Kenneth Edgeworth，1880—1972）和美国的行星专家柯伊伯（Gerard Kuiper，1905—1973）先后指出，海王星之外存在着许多小天体。1992年，美国天文学家休威特（David Jewitt，1958— ）及其同事卢乌（Jane Luu，1963— ）又发现了一颗海王星外的小天体，它的轨道也像冥王星那样与海王星轨道有交叉。至今，这类小天体的已知数量超过了一千个，于是，它们所处的区域被称为"艾德沃思—柯伊伯带"。天文学家们重新认真考量了冥王星的大小、轨道和其他特征，结果发现它并不应该是一颗体积偏小的大行星，而应该是一颗体积偏大的柯伊伯带小天体。今天我们已经知道，阋神星（Eris）作为另一个柯伊伯带天体，其身量比冥王星更大。出于这些原因，2006年，冥王星被正式降入"矮行星"这个新设的级别，不再被视为第九大行星。

【右图】这是2010年，欧洲空间局（ESA）的"罗塞塔号"探测器以3200千米的距离飞掠小行星司琴星（Lutetia）的时候拍下的照片。此星仅比美国的地质景观"死亡谷"大一点儿，干燥且覆满尘埃，其表面还有密集的流星陨击痕迹。

【下图】这是在澳大利亚塞丁泉天文台拍摄的2007年麦克诺特彗星，它也是近五十年以来最亮的彗星。它的彗尾由冰、尘埃和岩质的微小颗粒构成，是在太阳热辐射的作用下从彗核部分喷薄爆散开来的。

彗星

柯伊伯带并不是太阳系最外围的区域，在它之外的"奥尔特云"才是太阳系真正的边缘，也是彗星物质的仓库，它最远可以延伸到离太阳超过1光年的地方。虽然至今我们还无法直接观测到它，但荷兰天文学家奥尔特（Jan Oort，1900—1992）已经推定了它的存在，它也由奥尔特而得名。

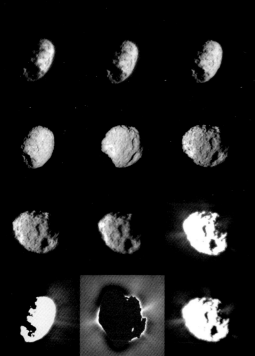

在缺少文献记载的史前时期，彗星就曾多次拖着长长的尘埃尾巴悄然出现在夜空中，在迷信的人群中造成恐慌，被视为灾难的先兆。哈雷彗星是首颗被认定的周期彗星，爱德蒙·哈雷率先证实这颗彗星会以76年为周期而不断回归。早在公元前240年，就有过这颗彗星现身的记录，而它1066年的那次回归则因为正好"预兆"了黑斯廷斯战役，更加广为传讲。

彗星的主要成分是太阳系形成时期剩余的冰。当太阳系在运动中与其他的恒星距离较近时或者被大质量的星际云气扰动时，在复杂的引力作用牵扯下，某些彗星母体就会离开奥尔特云，飞向太阳系中心区。在太阳的热能作用下，彗星外层的冰会升华成气体，其中夹杂的尘埃就会被释放出来，形成彗尾。同时，由于热度不够高，也有很多析出的尘埃会汇集在彗星表面，形成一层深色的尘埃壳，让彗星变得近乎煤块一样黑，因此彗星的反光率并不算高。如果一颗彗星在途中始终没有离各大行星足够近，那么它很可能在重返奥尔特云之后几百万年以内不再回来，但如果它正好曾经飞到足够接近像木星这样的大质量行星的地方，它的轨道范围就很可能会变窄，从而使它变成按一定周期回归的彗星。

【上图】"巴约挂毯"（Bayeux Tapestry）以连环画的风格记载了诺曼底的征服者威廉率众攻打不列颠的故事，其中也描绘到了出现于1066年3月的哈雷彗星。在挂毯的这个片段上，英王哈罗德正在殿上聆听一位焦虑的朝臣关于出现彗星的启奏。几个月之后，哈罗德就在黑斯廷斯战役中被诺曼军队的弓箭手射死了。图中彗星的样子画得很夸张，彗星左边还有一行字"Isti mirant stella"，意思是"这群人正在看这颗星"。

【左图】"星尘"（Stardust）太空探测器于2004年飞掠怀尔德（Wild）2号彗星，这里有12张它拍下的照片，按横行文字阅读顺序排列。其中，第11张严重过曝，这表明彗星喷发出的那些夹带着尘埃和小碎石的冰粒可以反射出相当强烈的光芒。这些物质也正是彗尾物质的来源。怀尔德2号彗星的彗核形状很像汉堡包中夹的肉饼，在开头几张照片中它是侧面对着镜头的，到后面则是正对镜头。

13

恒星世界

坐火车的时候，随着车的前进，车窗外的景物看起来也仿佛倒退而去。那么，若我们相信地球是绕太阳转的，则当地球从轨道的这一端运行到那一端之后，恒星的位置看上去也应该有所变化。不过，我们日常的经验好像并非如此呀？其实，这种变化确实在发生着，只不过地球轨道的直径与恒星的距离比起来简直不值一提，所以这种位置变化的幅度非常微小，以人眼的观察能力，只要没有专门工具的帮助，就无法发觉。这就犹如车窗外很远处的地平线上的树：车在前进，它却仿佛不动。恒星的这种视觉上的反向运动现象称为"视差"（parallax），我们的大脑也是利用双眼间距产生的视差来判定物体远近的。

恒星的视差很小，因此过去很多天文学家试图侦测到它但都以失败告终。这方面的第一个成功者是贝塞尔（Friderich Bessel，1784—1846），当时他是普鲁士国王弗雷德里克·威廉姆三世庇护下的哥尼斯堡天文台的负责人。1838年，贝塞尔测出了天鹅座61号星

的视差，由此推算出它的距离约为太阳距离的50万倍。由于它的目视亮度易知，一旦有了距离数值，就可以推算它本身的光度（即发光能力）了。而光度是关于恒星自身的参数，是一个天体物理学意义上的数值，与诸如"恒星位置坐标"这样的几何天文学数值不在同一个层面上。因此，贝塞尔的这次成功可谓开启了天文学的一次革命。

天体物理学关心的另一项重要指标是恒星的颜色。有些恒星用肉眼看起来发红，例如猎户座的参宿四（Betelgeuse），而有些则是白色或蓝色的，例如参宿七（Rigel）。这是因为不同恒星的光谱不同（即各色光的成分所占比例不同）：红星的光里其实也有蓝光的成分，但不如红光的成分多；与之类似，蓝星的光谱中，蓝光成分强于红光。

天体物理学家意识到，既然金属片在被不断加热的过程中会依次产生红、橙、黄、白色的光，那么不同颜色的恒星也应该对应着不同的温度水平。而一旦确认了恒星的温度和光度，就可以计算出它的直径。根据计算结果来看，有些恒星的体积比太阳大得多，甚至大到了足以将整个太阳系各大行星的轨道包容在内。

参与这方面研究的天体物理学家们都属于那个时代典型的天文研究者群体，其职业背景分布广泛：夫琅禾费（Joseph von Fraunhofer，1787—1826）是光学家、光谱仪（分光镜）的发明者，也是在前本笃修道院院址上建立的本尼迪克特伯恩光学院的院长；塞齐（Angelo Secchi，1818—1878）神父是罗马耶稣会大学的神职人员；哈金斯（William Huggins，1824—1910）是英国的独立天文学家，家境殷实；皮克林（Edward Pickering，1846—1919）是哈佛大学的教师；沃格尔（Hermann Vogel，1841—1907）是波茨坦天体物理台的台长，该台也是第一座致力于天体物理学研究的天文台。

随着技术的不断改进，他们发现恒星的光谱中存在许多暗线，这些小的"断裂"被称为"谱线"。德国物理学家基尔霍夫（Gustav Kirchhoff，1824—1887）和本生（Robert Bunsen，1811—1899）解释了这种现象：恒星炽热的表面之外包裹着一层温度相对较低的大气，而大气层中特定种类元素的原子吸收掉了恒星光芒中相应波长的光波。依据这一理论，人们得以开始分析恒星的物质组成。由此出发，最终证实了组成恒星的原子与组成地球的原子在本质上没有什么不同。这一观点最后被哈佛大学出身的杰出天体物理学者加波施金（Cecilia Payne-Gaposchkin，1900—1979）确定为：恒星主要由氢元素构成，而氢元素在地球上的丰度（即含量占物质总量的比例）要比在恒星上低不少。

【上图】塞齐神父，耶稣会神职人员兼天文学家，恒星光谱学的奠基人之一。

【左图】贝塞尔使用这台太阳仪（helio meter）率先完成了测量遥远恒星距离的任务。这种仪器本来是用于在不同季节测量太阳的视直径的差别的（地球沿椭圆轨道绕太阳运转，与太阳的距离并不恒定）。贝塞尔在夜间使用这种仪器，在不同季节测出了天鹅座61号星相对于其他更远的背景恒星的微小位置变化。

【右图】猎户座里最亮的两颗星在颜色上对比鲜明。参宿四位于左上角，是夜空中最红的恒星之一，即使不用任何仪器，仅凭肉眼也能明显看出它的红色。右下角的参宿七则闪射出如钻石般耀眼的蓝白色光芒。

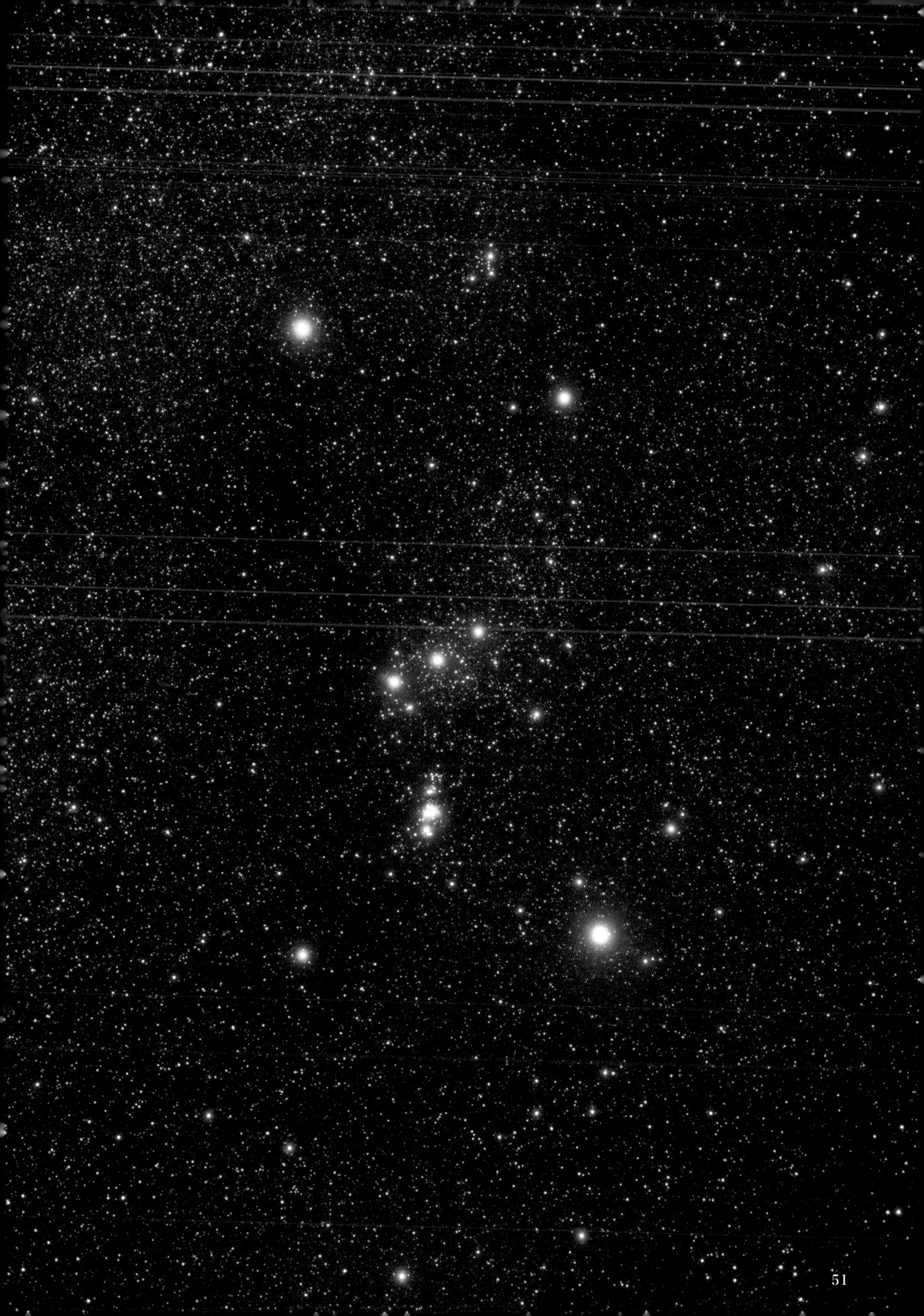

1887 年，皮克林和沃格尔通过仔细分析和比较多颗恒星的光谱中的暗线位置，得到了一个戏剧性的发现：谱线有可能周期性地左右摇摆。一个合理的解释是，这种恒星在与另一个离它很近的天体相互绕转。这就和此前一百年赫歇尔分辨出的那些双星产生了呼应。利用牛顿定律，不难推算出双星中每颗成员星的质量。人们由此开始知道，某些恒星的质量比太阳大得多，可以达到太阳的 100 至 300 倍，但更多的恒星质量不如太阳，仅有太阳的约 1/10。

　　天体物理学家们最终积累起了关于上述这些恒星的大量精密的观测数据。为了从数据中发现规律，丹麦天文学家赫茨普龙（Ejnar Hertzsprung，1873—1967）和美国普林斯顿的天体物理学家罗素（Henry Norris Russell，1877—1957）绘制了一张图表，以光度、温度为两个坐标轴，把许多已知光度和温度的恒星逐一标画在正交坐标系上，这就是著名的"赫罗图"。通过赫罗图，人们开始理清了恒星的分类格局：绝大多数恒星成系统地

【左上图】德国化学家、光谱学家沃格尔，波茨坦天体物理台台长。

【左图】皮克林任教于哈佛大学，是美国的物理学家和光谱学家。

分布在一条斜对角的带状区域内，带子的一端是明亮、高温、大质量的蓝色星，另一端则是黯淡、低温、小质量的红色星。这条带子被称为"主序"，其中的恒星被称为"矮星"。

也有一些恒星在图中的位置处于"主序"之外，它们虽然明亮，但温度较低且呈红色，这就是"巨星"乃至"超巨星"。罗素还在图上发现了一颗代表着另一个古怪类型的恒星，它极热但极小，小到把像太阳那么大的质量集中到了只有地球那么小的体积之内，这就是"白矮星"。

后来，一位英国的天体物理学家爱丁顿（Arthur Stanley Eddington，1882—1944）解释了以上各种恒星的形成原理。他的解释涉及恒星从外到内的结构与景象。按万有引力定律，恒星本应在自身物质的重力作用下坍缩，但事实上它们依靠着自己内部产生的气体的外向压力抵消了这种引力，从而保持住了大小。爱丁顿的计算显示，恒星的内核温度奇高，且物质极为致密，从核心到表层，星体的

温度和密度逐渐下降。于是，恒星内核是何以维持其极端的高温高压环境的，就成了一个很令人好奇的问题。

恒星表层的环境虽然没有其内核那么极端，但会制造出一种奇妙的效果：让恒星能像心脏跳动那样周期性地胀缩，恒星的光度也随之起伏。这类恒星的首个例子是鲸鱼座 o（希腊字母"奥米克戎"）星，其俗称为 Mira，有"魔力"的意思。1596 年，德国神学家兼天文学家法布里修斯（David Fabricius，1564—1617）注意到这颗星在不断增亮之后又逐渐变暗，最后暗到看不见了。这种亮度变化周期性地反复出现，其周期大约三百多天，比一年略短一点儿。这颗星在当今被归入"脉动变星"一类，其星体循环胀缩，同时温度也反复起伏，看起来时明时暗。在它收缩时，它的外层气体会形成某种较暗的气流，直到内部压力重新把星体扩张开来才又变得透明些，让更多的光辐射通过。而这种辐射又会成为星体下一次收缩的动力，如此循环往复。

【上图】波茨坦天体物理台是第一座专为天体物理研究而建造的天文台。

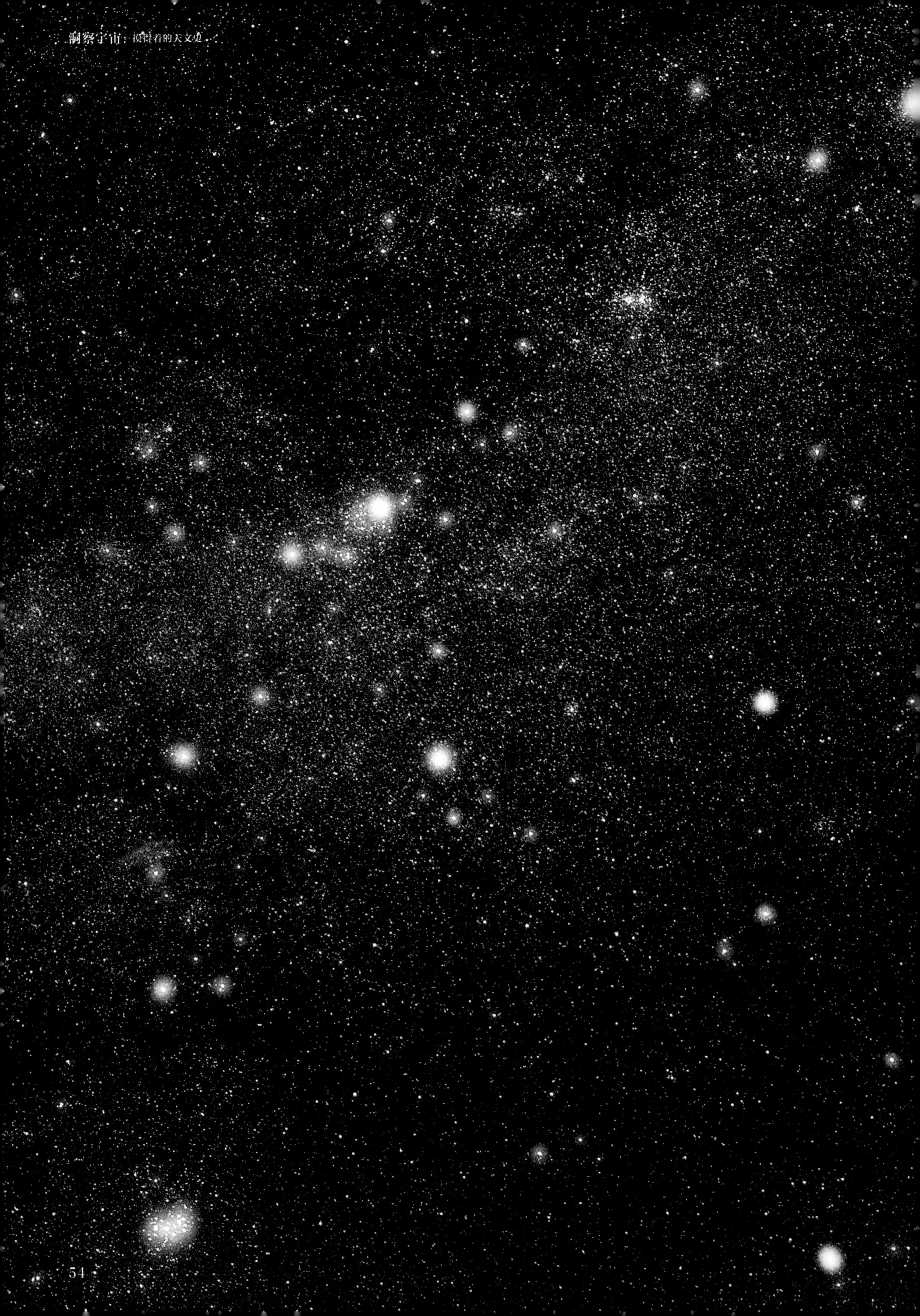

食变星

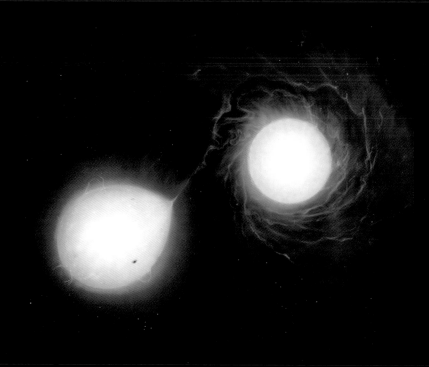

宇宙中有不少彼此绕转的双星，其中有一少部分的轨道平面正好对着地球，所以在地球上看来，这种双星的一颗成员星就会周期性地从另一颗面前经过，形成一种类似日食原理的事件。每当这种"食"发生时，双星的总亮度在地球上看来就会减弱一些。这种双星最早被人类所知的例子是英仙座 β 星，即大陵五（Algol），其英文俗名来自阿拉伯文，有"魔法"之意。在英仙座的形象中，这颗星代表的是被大英雄珀尔修斯砍下的魔女头颅，这也暗示着此星有时会有某些特殊的现象发生。不过，对其亮度变化现象最早的正式观测记录迟至1667 年才出现，由意大利天文学家蒙塔纳利（Geminiano Montanari，1633—1687）完成。而对该星变光过程的精细观测，是后来由古德利克（John Goodricke，1764—1786）完成的。出生于荷兰格罗宁根的古德利克是英德混血儿，其父是英国的外交官，其母则是商人之女。古德利克五岁时因猩红热而失聪，但这并未阻止他走上科研之路。他通过在自家窗口对大陵五进行的坚持观察，最终确定其亮度变化周期为68 小时又 50 分钟。1783 年，他指出这种现象是由一颗较暗的星周期性地掩过其伴星造成的。

【上图】大陵五双星的艺术想象图。其中的橙色星不断掩过那颗体积更小的蓝色星，使这个双星系统的总亮度在地球上看去会周期性地降低。虽然大陵五用肉眼看只是一颗单星，但古德利克的研究证实了它其实是互相绕转的一个双星系统，且其绕转轨道的平面正好穿过地球。

越暗越远越悠久

太阳发出的光到达地球要用八分多钟，而天鹅座 61 号星的距离是太阳距离的大约 50 万倍，所以它的光线传到地球要用 11 年。我们所在的星系中，绝大多数恒星的距离都比这还要远，所以其光芒传到我们眼中要用成百上千年。而在我们的星系之外，还有其他的星系，光线从它们那里传来，至少要耗费数百万年。人类已知的最遥远的星系是哈勃太空望远镜发现：1995 年的"哈勃深空"和 2003 至 2004年的"哈勃超深空"照片，通过长达超过一个星期的累计曝光时间，为我们呈现了这些极远星系的模样。这些星系比太阳暗十万亿亿倍（这个倍数等于在 1 的后面加 21 个 0），其光线传到地球所耗的时间几乎与宇宙的年龄（约130 亿年）相等。

【左上图】"哈勃深空"的成品中密布着各种星系，其中较大较亮的一些离我们相比比较近，而较小较暗的离我们更远。后一种星系看上去颜色更红，这是由于宇宙在膨胀，使它们发生了"红移"现象（见第63页）。

【左图（图在第 54 页）】英仙座的照片，正中偏下即是大陵五（即英仙座 β），它是该星座内的第二亮星，极易用肉眼看到。

14

恒星的一生

我们每天都享用着太阳的光和热，但这种情况是不会永远持续下去的。太阳的年龄和寿命是多少呢？解答这个问题的基础是搞清楚地球的年龄——因为地球与太阳的关系是如此密切，想来它们的诞生时间也不会相差太远。这方面最先有的一个思路是：认为地球起源于从太阳上抛出来的物质，所以地球在诞生之初的温度很高。于是，问题就被转化为：地球是经过了多长的时间才冷却到了今天的温度？1779年，法国博物学家布丰（Comte de Buffon，1707—1788）使用一个高温的小铁球充当地球的微缩模型，率先进行了模拟地球冷却的实验。到了 19 世纪后半叶，英国物理学家汤姆森（William Thomson，即开尔文勋爵，1824—1907）对此做了理论计算。他俩估算出的地球年龄分别是 75 000 年和 40 000 000 年，如今看来都严重偏短了。

德国天体物理学家亥姆霍兹（Hermann von Helmholtz，1821—1894）和加拿大裔美籍天文学家纽康（Simon Newcomb，1835—1909）则从天体物理的角度做了一个假设，认为太阳的能力来自其物质在万有引力作用下收缩时所放出的热。那么，太阳从最初一团气体云的状态收缩成当今的大小，用了多久呢？二人算出的结果是 20 000 000 年。这个答案在精度上并没有什么进步。

【左上图】"创世石"（Genesis Rock）被带回休斯敦后拍的存档照片，样本编号为 15415。

【左下图】物理学家卢瑟福是诺贝尔奖获得者。

【右图】"阿波罗 15 号"的着陆器降落在月面上亚平宁山脉脚下的"雨海"（Mare Imbrium）地区。1971 年 8 月 1 日，乘坐该飞船的宇航员进行了他们的第二次月面地质考察活动。指令长斯科特（Dave Scott）和着陆器驾驶员伊尔文（Jim Irwin）在"激励环形山"（Spur Crater）边缘的月面尘埃层上漫步时，伊尔文被一块岩石吸引并驻足了："嘿，我们应该走过去把那块不同寻常的石头拿来。看看这东西对着我们的这面，它有一小块表面是白色的，正对着它旁边的一个小陨击坑。"伊尔文把名叫"日晷"的参考架支在了这里，然后拍下了这张照片，片中可见伊尔文自己的影子和正在旁边等候的斯科特的腿部。然后，斯科特用一只长柄夹子拾起了这块石头，抖掉了它表面的尘土，做了观察，看到石头表面现出微光。斯科特笑了出来："哎，伙计，我觉得这是块宝石呢！它太美了。"他俩将这块石头装入样品袋，带回了地球，这就是后来的"创世石"。

利用现代技术去推断地球年龄的工作始于 20 世纪第一年的加拿大。核物理学家卢瑟福（Ernest Rutherford，1871—1937）与索第（Frederick Soddy，1877—1956）研究了放射性元素及其"衰变"（即退化为原子量更小的另一种元素的过程）。当时，在地壳中发现了有放射性的元素镭，以及它衰变时放出的氦元素。卢瑟福算出这个衰变过程需要 40 000 000 年的时间。应用这一新成果，关于放射性元素领域的知识在 20 世纪上半叶逐渐积累了起来。地质学家霍尔莫斯（Arthur Holmes，1890—1965）根据来自世界各地（包括远至斯里兰卡）的古老岩石样本推出结论说，地球大约形成于 16 亿年之前（这个数字朝着正确方向进了一步）。而由"阿波罗 15 号"登月飞船的宇航员从月球表面取回的被称为"创世石"的岩石样本则有 45 亿年的历史。当今公认的地球年龄约为 46 亿年，而太阳作为地球的母天体，年龄还应该比这再大一点儿。

太阳在其一生中释放出的能量总量之大，超乎一般人的想象。这些能量来自哪里？这个问题既是 20 世纪新兴的核物理学提出的，也是由它解答的：这些能量来源于无数次这样的核聚变过程——每四个氢核聚变为一个氦核。这个由科学家在实验室中模拟出来的核物理过程，在自然界的大尺度上让地球具有了变得生机勃勃的可能。

太阳既然拥有巨量的氢元素，就能在数十亿年的时间里源源不断地制造出我们感受得到的光和热。不过，再多的氢气也有被"坐吃山空"的那一天，所有这样的恒星，包括太阳，到了那个时候都会发生巨大的变化。20 世纪后半叶，多位天体物理学家运用从研制核弹期间发展起来的计算机程序，推算出了恒星在耗尽氢元素后的状况：恒星核心区域的密度会进一步增加，而核的体积会逐渐变大，与之相伴的是另一种处于后期的核聚变，即那些先前由氢核聚成的氦核会聚变成碳核，每三个聚成一个。

这些内部的剧变会彻底改造恒星的结构，让恒星扩张成一颗巨星，乃至超巨星。接着，变化还会继续，氦会逸出，而剩下的碳元素又将成为新的原料，变成氧和硫。这样，在长时间的稳定状态后，恒星所属的种类会较快地发生彻底的改变，从而走入生命的终结期。我们的太阳目

前正处于它的稳定活动期的中段，所以才在过去的几十亿年里让地球上拥有了生命现象。再过大约50亿年，太阳就会膨胀为一颗红巨星，其身量足以将地球和火星吞噬其中。

【右图】"欧洲联合环流器"中的一台核聚变实验设备。它能使高温、受激发的等离子态氢元素发生核融合，放出能量。由于这些氢的温度太高，该设备须用很强的磁场去控制氢等离子的活动范围，以免其烧化固体容器。

【远端右图】"仙后座A"是一处超新星遗迹，其原本的恒星约于1680年爆发，但当时未被任何观测者注意到。人们是在后来观测一颗如今已不在它附近的星体时，偶然发现它的。恒星生命终结时，其核聚变生成的诸元素物质几乎全都会被抛射进周围的空间，最后显现为不同颜色的云气。在此图中，蓝色来自氧元素，红色来自硫元素。

太阳的核能量

1927年夏天，哥廷根大学的两位原子物理学家豪特曼（Fritz Houtermans, 1903—1966）和阿特金森（Robert d'Escourt Atkinson, 1898—1982）利用暑假做了徒步旅行。在旅途中，他们初步解答了太阳的能量来源问题。此前，爱丁顿曾计算出太阳内部的温度与密度，在那种环境下，太阳核心区的原子之间会极为频繁地激烈碰撞，从而破碎为"离子态"，乃至各个原子核之间也在不停碰击。这就为核反应提供了条件，让一种原子核变成另一种，并同时释放出核能。而阿特金森了解到太阳主要由氢组成的事实后，意识到太阳的能量应是源于氢元素的聚变。德国物理学家贝瑟（Hans Bethe, 1906—2005）和维扎克（Carl von Weizsacker, 1912—2007）则在1939年将这一理论模型补充得严谨、完备了。贝瑟因这一成就（以及其他几项成就）在1967年荣获诺贝尔奖。

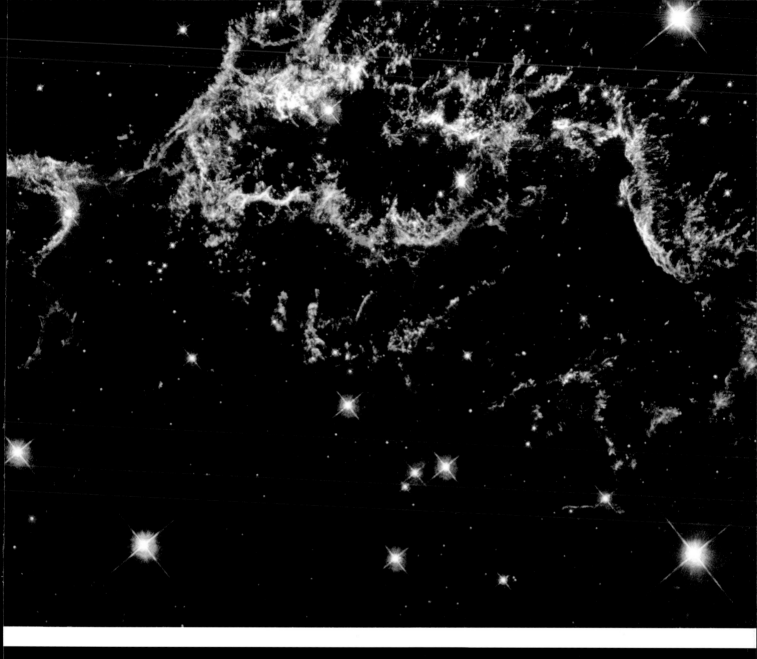

质量与能量

一个氦核的质量比四个氢核的总质量要少 0.7%，所以当氢聚变为氦时，代表着这部分差值的质量就会转化为能量，其转换关系可以由爱因斯坦于 1905 年提出的那个久负盛名的"质能方程"给出：$E = mc^2$。四个氢原子发生聚变放出的能量是微乎其微的，但由于太阳这样的恒星拥有的原子数目非常巨大，所以其释放的能量的总和也就十分惊人了：每秒钟，太阳就要因核聚变而损失掉 400 万吨的质量（译者注：原书写为 4 亿吨，应误），其转化出的能量规模可想而知。

【左图】1952 年 11 月 1 日，史上首枚氢弹（名为"Ivy Mike"）在太平洋上的埃内韦塔克（Enewetak）环礁试爆，释放出巨量的核融合能。

15

恒星之死

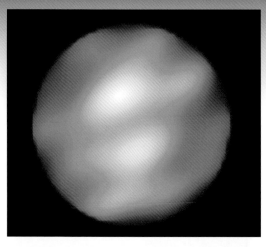

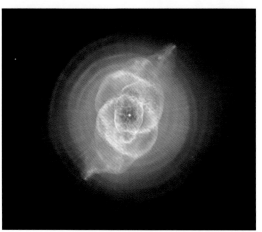

各类恒星的末路并不一致，但它们走向末路的原因是一致的："燃料"匮乏。当可供进行核反应的物质耗尽，恒星就会"饿死"。没有了核聚变放出的热能，恒星就不足以在自身重力的收缩倾向下维持其稳定状态，于是就无法避免一些毁灭性的事件。而具体到每一颗恒星来说，它会发生哪种毁灭事件，取决于它自身的一个关键指标：质量。

大多数恒星的质量与太阳相仿，或比太阳略大些，它们的末路是扩张成为红巨星。由于巨星的体积很大，其外层的重力控制能力就相对较弱，这就给某些局部发生大尺度的混乱现象提供了条件——其实太阳表面的黑子也属于这种混乱现象，只不过尺度有限而已。而在更为极端的情况下，例如像红超巨星参宿四那样的情况下，恒星就会把很多的质量散逸到周围的空间里。只要这种散失过程持续得足够久，垂死恒星的炽热内核最终就会暴露出来。这种星核会辐射出强烈的紫外线，照亮周围已被抛散出去的物质，发生该现象的天体就叫作"行星状星云"。

"行星状星云"最初是由威廉·赫歇尔（参见第44页）在进行他那著名的巡天观测时发现的，这是一种有着圆面的天体。1782年，赫歇尔在对新发现的行星——天王星做初步观测时，觉得行星与这种天体很像，所以把"行星"一词用作了后者命名的前缀，既表明了相似性，又避免了混淆。当然，事实上这种天体无论结构还是外观都与行星没有太大关系，只不过它那被照亮的气体壳层在小望远镜里看来确实可能酷似行星的圆面，例如"指环星云"（Ring Nebula）。另外还有些行星状星云的样子相当奇特，并不是单纯的圆形，例如蝴蝶星云、夜枭星云、爱斯基摩星云、猫眼星云……仅从这些充满魅力的昵称，就可以知道其外观特殊。

1790年，赫歇尔发现了一个能看到其中央恒星的行星状星云，即今天的NGC 1514。像这样的中央恒星，冷却下去最终会变成"白矮星"，当然这类小体积恒星是由后来的罗素通过"赫罗图"（见第52页）的研究才划定的。新形成的白矮星温度尚且够高，可以释放出紫外线及X射线，因此很容易被X射线波段的望远镜观察到，但随着它们逐渐冷却，其光芒也会变弱，最后就淡出了人类的视野。

年轻物理学家钱德拉塞卡（Subrahmanyan Chandrasekhar，1910—1995）在另一位年轻同行福勒（Ralph Fowler，1889—1944）的成果基础上，最终对白矮星的形成机制给出了解释。这一解释震动了天文学界，因为它指出支撑着白矮星的形体的是一种新型的压力，即"电子简并压"（electron degeneracy），这个概念来自一个新兴的研究领域——量子力

【顶部远端上图】绝大多数恒星即便在望远镜中也只是一个小亮点，但已经度过其大半生、即将衰亡的参宿四由于是红巨星，个头足够大，又离我们足够近，它的一些表面特征是可以通过望远镜看到的，例如其暗斑和明亮的闪耀区。

【上图】行星状星云"猫眼星云"中心的小亮点是它原本的恒星的残骸。这颗星曾和太阳差不多大，后来因为"年迈"才成了红巨星，并且每隔1500年左右就抛射出一个球形的物质壳层。在大约1000年前，它由红巨星变成了如今这个炽热、亮白的样子，显现出丰富的层理结构以及两个透明的物质瓣。在地球的角度看去，这两个扭曲的瓣似乎是叠压在一起的，但其实它们是朝着相反的方向伸展的。

【远端右图】这张照片中闪耀着不少星星，但它们只是"路人甲"。我们要关注的是图中这个"两极"结构，即行星状星云NGC 2346。它事实上是一个双星系统，其中一颗成员星喷出了如蝶翼般的两个气体瓣。而在三维空间中，它的实际形状如同两个底对底连在一起的无脚玻璃杯。

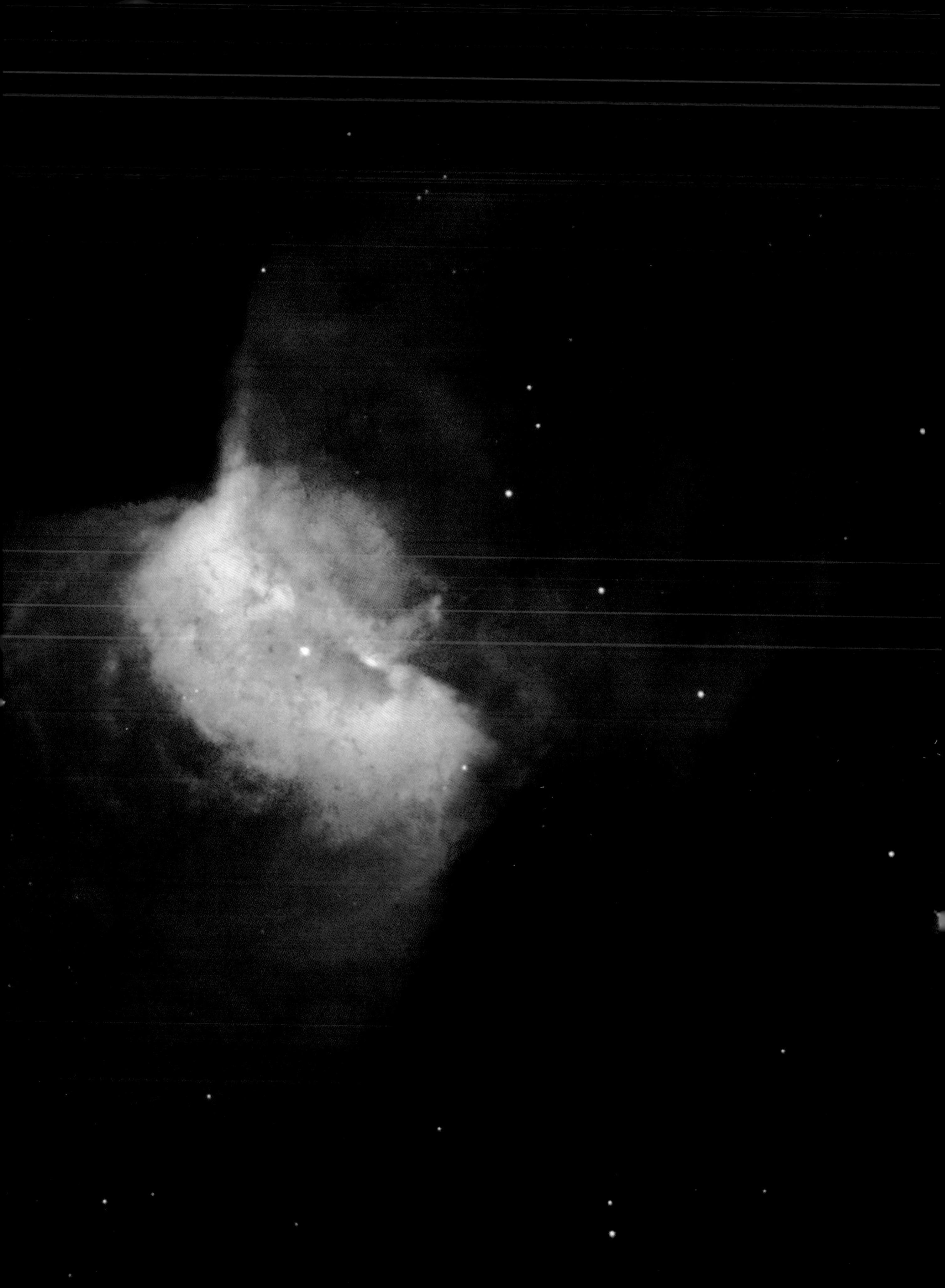

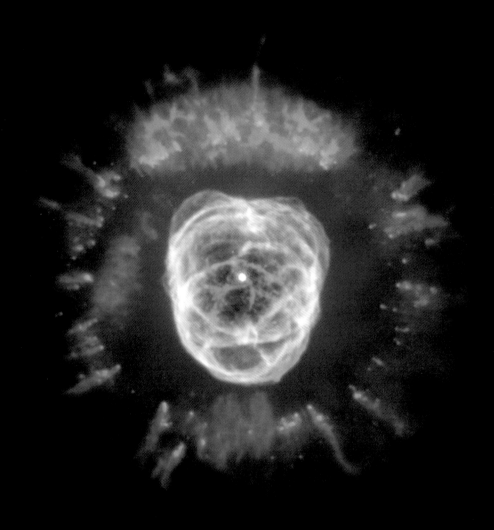

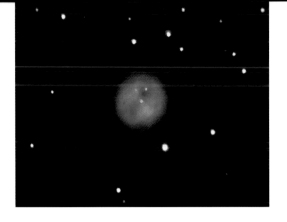

学。这个学科是为了解决物理学领域中的微观层面问题（如关于原子的问题）而创建的，但它的精妙之处却体现为它能在像恒星这么大的研究对象身上大放光彩，也确实值得科学家们惊讶了。

1930 年，钱德拉塞卡从印度前往英国。当时大众航空时代尚未到来，所以他只能乘船，旅途需要很多天。为排解途中无聊，他开始尝试应用电子简并理论去研究白矮星，结果发现白矮星的直径和质量之间应该存在着一种奇特的关系：质量越大，直径反倒越小。而若质量超过一个特定的数值（即约 1.44 倍太阳质量，也称"钱德拉塞卡极限"），白矮星的直径就会无限小了。由此，如果一颗恒星诞生时的质量就高于"钱德拉塞卡极限"，那么它就终将坍缩成一个密度无限大的怪异天体。这种听起来绝对不可能存在的东西可以称作"奇点"，亦即人类认识"黑洞"的先声。

到达英国后，钱德拉塞卡的这一理论由于结论实在太"离谱"而遭到了强烈的质疑，连著名资深天体物理学家爱丁顿也是批判者阵营中的一员。如此猛烈的攻击，让初出茅庐的青年钱德拉塞卡也陷入了自我怀疑的危机。为了保全自己的学术职位，钱德拉塞卡只能迁往美国，在芝加哥大学度过了余生。幸运的是，他的理论最终还是逐渐被科学界理解和接受了，他也于 1983 年荣获诺贝尔奖。不过，关于黑洞的奇点形态的理论体系至今还留有不少未解之谜，例如，黑洞内部究竟有着何种机制，能将巨大的白矮星质量压进无限小的体积之中？这些还有待今后的探索。

【左图】爱斯基摩星云。在拍下这幅照片的哈勃太空望远镜升空之前，这个星云外部的明亮区域从地面望远镜里看来酷似爱斯基摩人所穿皮袄的帽兜上的穗边，故而得名。在这个球形结构之内，是一个诞生得相对晚近的小规模行星状星云，其中央星成为这个样子也并不很久，因此温度尚高，没有充分冷却，依然在发出密集的紫外线辐射，由此将较早的壳层中的物质吹拂得更像有尾巴的彗星形状了。

【上图】夜枭星云。在小望远镜中，这个天体只是个黯淡的小圆盘，极像一颗恒星。但若望远镜口径大些，就可以见到圆盘中的两个暗区，仿佛猫头鹰的两只大眼睛，它由此得名。该天体整体上可能确实是球形，而两只"眼"则是其中的空洞，因此可以推断其中央恒星具有某种两极型的活动模式。

既小又重

在广义相对论中，光线（或其他辐射）如果经过引力场，应损失掉其部分能量。这种由爱因斯坦于 1911 年预言出的效应被称为"引力红移"，因为蓝色光的频率降低后会变成红色光。1959 年至 1965 年间，庞德（Robert Pound, 1919—2010）和他的学生莱伯卡（Glen Rebka, 1931— ）在哈佛大学的一个拥有极高精密度的实验室里，从地球表面的环境中为这一理论效应取得了实际证据。由于白矮星表面的重力加速度远远高于地球表面，所以这一效应如果到了白矮星上就会变得非常明显，不再需要地球上的这种精密求证了。不过，为了在地球上验证这种效应，所要克服的技术困难想来也是相当之多。

人类首次尝试测量白矮星的引力红移效应是在 1925 年，由亚当斯（Walter S. Adams, 1876—1956）在威尔逊山天文台以天狼伴星为对象进行。这颗白矮星与比它亮上万倍的天狼星组成了一个双星系统，而在 1930 年至 1950 年间，由于两者彼此运行到在地球上看来角距太小的位置，伴星的光芒完全被主星淹没了，观测无法继续。亚当斯得到的并不稳妥的结果最终在 1971 年由格林斯坦（Jesse L. Greenstein, 1909—2002）利用位于帕洛马山的 200 英寸（508 厘米）大望远镜进行了确认。而到了 2004 年，天狼双星系统运行到一个有利于观测的相对位置时，天文学家巴尔斯托（Martin Barstow）通过哈勃太空望远镜取得了空前清晰、锐利的天狼伴星影像，完全避开了天狼星光芒的干扰，由此对引力红移的现象做了最终的证实。天狼伴星的质量是太阳的 0.978 倍，几乎与太阳一样重，其直径只有太阳的 0.0086 倍，也就是说，它的大小仅与地球差不多。

16

观天新窗口

20 世纪 30 年代，在贝尔电话实验室工作的物理学家央斯基（Karl Jansky，1905—1950）正在研究短波无线电通信中十分恼人的"静电干扰"现象。他将一架天线安装在一个转盘上，将这种设施呢称为"旋转木马"，并通过它监听到了一种微弱的嘶声噪音，这种噪声差不多每个昼夜会有一个强弱变化的周期。这个周期与太阳的位置有关吗？实际上，这一周期并不等于地球相对于太阳而言的自转周期——24 小时，而是等于地球相对于恒星背景而言的自转周期——23 小时 56 分钟。噪音最主要的来源位于人马座，即银河系中心的方向。

此后，这个新的科研领域的发展在大约十年的时间里陷入了停滞，其间仅有美国业余天文学家雷伯（Grote Reber，1911—2002）做出过一些有前沿性质的探索。直到第二次世界大战期间，随着雷达技术在英国的发展，这个领域才重新热门起来。在国防领域工作的科学家海伊（James Hey，1909—2000）开始注意到更多种类的无线电噪声来源，例如太阳表面的活动黑子，还有流星，都可能发出无线电信号。当二战的硝烟散去后，很多雷达科学家就转向了"射电天文"的研究，从此，天文学告别了以"光"为唯一研究窗口的时代，在电磁频谱上开拓了新的疆域。

射电天文学揭示了很多新奇的现象，这促使着天文学家们去跟工程师们开展更多的合作，在或多或少可以用于研究天体的各个电磁波段上进行探索，例如红外线波段和 X 射线波段。1960 年，由美国的诺贝尔奖得主贾克尼（Riccardo Giacconi，1931—　）制造的一架对 X 射线敏感的望远镜，被一部小型火箭送上了地球大气层顶端，对太阳做了观测。1962 年，他又带领团队发射了一架用于观察月球的 X 射线望远镜，结果却在天蝎座天区发现了首个位于太阳系之外的 X 射线源，后来又在天鹅座发现了另一个 X 射线源，这就是今天所说的天蝎座 X–1 和天鹅座 X–1。此后至今，人类已经发现了全天各处的数千个 X 射线源。由于火箭能在太空中停留的时间实在有限，科学家们又开始以人造地球卫星的形式发射望远镜，用以获得更多的观测时间。这样的卫星也已发射数十颗，其中有代表性的有 UHURU（1970 年）、"爱因斯坦"（1978 年）、"钱德拉"（1999 年）和 XMM–牛顿（1999 年）等。

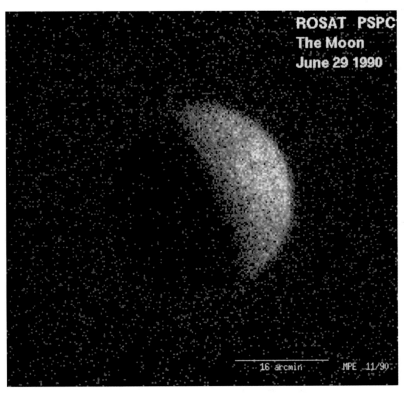

【远端上图】央斯基站在他那昵称为"旋转木马"的可旋转天线前。与这之前几十年相比，这个时期科学家的衣着可以说是随便多了（可以第 52、56 页的照片为参照）。

【上图】由火箭承载的 X 射线望远镜拍摄的第一张 X 射线波段月球照片。这张照片乏善可陈，并未取得任何实际发现，但后来由 ROSAT 卫星搭载的灵敏度更高的 X 射线望远镜在月球的亮面发现了许多 X 射线。这些 X 射线其实来自太阳，由于月面缺乏大气层的阻拦，它们照射到月面之后又反射了出来。

哈勃太空望远镜

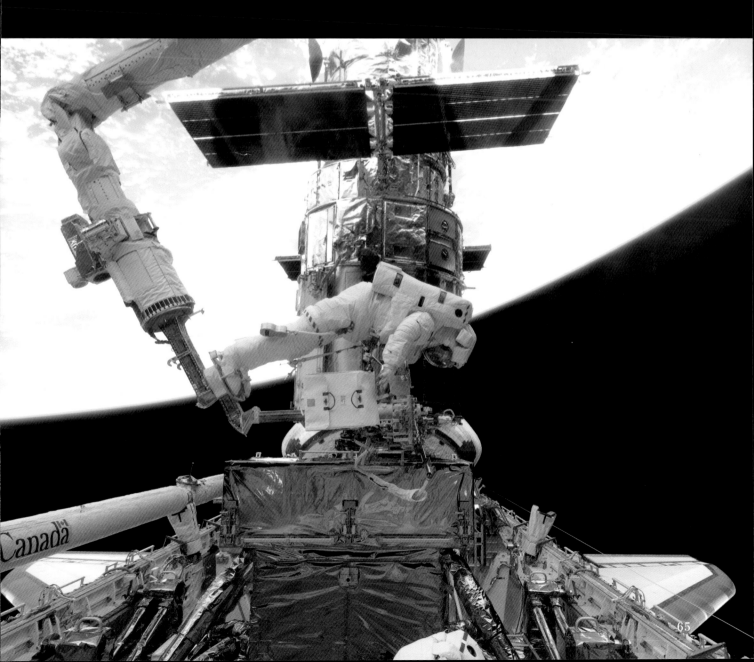

星光需要穿过大气层才能到达架设在地面上的望远镜，因此大气的扰动会使天体成像的质量降低。如果在高山上建造天文台，这种干扰会有所减少，但也不能完全被消除。1990年，NASA发射了哈勃太空望远镜，首次把大型的光学望远镜送到了地球大气层之外。但是，由于光学器件制造中的一个小失误，当时哈勃太空望远镜的成像质量远未达到预期。好在这台望远镜的设计是允许它在绕地球飞行的过程中被维修的，于是1993年的那次维修化解了不少问题。截至2009年的维修，哈勃太空望远镜一共经历了五次在轨维修。预计它总共能为我们服务至少25年之久。目前，美国计划用"詹姆斯·韦伯"（James Webb）太空望远镜去接替"哈勃"，这个新望远镜将在红外线波段更加敏锐。

【上图】这是在某次维修任务中，宇航员从航天飞机内给正在飞行的哈勃太空望远镜拍摄的照片。

【下图】2009年5月，在对哈勃太空望远镜的维修和升级工作中，宇航员古德（Michael Good）进入开放空间工作了八个小时。此次维修共进行了三次出舱工作，这是其中的第一次。在这幅照片中，他的双脚正被固定在"亚特兰蒂斯号"航天飞机遥控机械臂末端的一个锁定装置上，他本人正以壮丽的地球风光为背景进行着某些调节工作。航天飞机的货舱口是敞开的，另一位宇航员正在货舱内忙碌，在照片下端可以看见他身体的一部分。

17

正在爆发的星

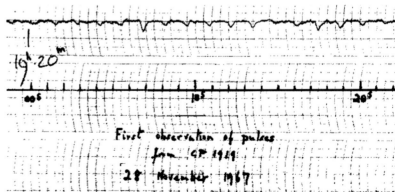

成为白矮星，是大多数恒星的归宿，但那些质量为太阳5至6倍的"大家伙"们可是例外。较大的恒星可能会因其质量过大而无法顺利变成白矮星——当它有了向白矮星转化的趋势时，会发生向内的爆炸塌缩，而这一塌缩的能量会将星体外层的物质猛烈向外推出，造成剧烈的爆发，让整个星球变成"超新星"。瑞士裔美籍天文学家茨威基（Fritz Zwicky，1898—1974）和他的德裔美国同事巴德（Walter Baade，1893—1960）于1934年创造了"超新星"这个术语，用以代表他们观察到的那些位于其他星系中、爆发出超高强度的光能的恒星。这些星毫无征兆地突然大放光芒，并在接下来的若干天里比该星系中其他所有恒星的总和还要亮，最后逐渐变暗并消失。

在像银河系这样的星系中，超新星平均至少要数十年才能出现一次。历史上最著名的超新星事件要算1054年那次，当时的喷发物形成了今天看到的"蟹状星云"，而那颗恒星本身则留下了一个能量极其丰沛的残骸——它成了一颗脉冲星（pulsar）。这颗脉冲星是由斯泰林（David Staelin）和雷芬斯泰因（Edward Reifenstein）于1968年在位于西弗吉尼亚州格林班克（Green Bank）的国家射电天文台发现的。

"脉冲星"一词只是"射电脉冲星"的简称，这种星可以周期性地向我们发出无线电脉冲信号。第一颗脉冲星是1967年由乔瑟琳·贝尔（Jocelyn Bell，1943— ）发现的，当时她是休伊什（Antony Hewish）的博士研究生，在剑桥的一座射电天文台做研究。尽管这些信号是在空旷的星际空间内穿行的，但它令人讶

异的稳定周期太像是经过人工控制的了，因此贝尔的一些同事不得不开始考虑：这是不是地外智慧生命发射的、类似于海上灯塔的那种导航信号？不过，他们最终证实这些脉冲源于一些以极快的速度自转的小星体（有的自转周期甚至不足1秒），它们表面的某个区域会发射无线电波，这种波束随着它的自转而一遍遍地扫过地球所在的方向。这种星体在某些方面确实与白矮星类似，但其体积比白矮星更小（半径或许仅有12千米），星体的物质全都由中子组成。

但即便是中子星，也算不上超新星遗骸中最小、最致密的一种。中子星的前身是那些质量约在太阳的5～30倍的恒星；而若是比这更大的恒星经历了超新星爆发，则会演变成"黑洞"。

在广阔的宇宙空间中，无论是微小的中子星还是根本不发光的黑洞，都是极难被发现的，唯有X射线天文学算是个有力的手段。如果在一个黑洞或一颗中子星旁边，有一颗矮星在绕其运转，那么随着时间的推移，这颗矮星就可能逐渐胀成一颗巨星，并开始损失其气体物质，其中不少物质会落到中子星上或黑洞上，然后在强大的重力作用下被压得极度密实。正如空气被气泵压缩后会变热一样，这些气体的温度也会升高，乃至超过百万度，导致其开始放出X射线。在人类最早发现的两个星际X射线源中，天蝎座X–1被认为是含有一颗中子星的双星系统，而天鹅座X–1则被认为是一个黑洞。

20世纪60年代的一次行动则为我们揭示了一种让超新星都望尘莫及的大规模能量爆发事件。当时美国军方发射了一颗名叫Vela的卫星，用于监视苏联是否违反了关于限制核武

【上图】贝尔和诺贝尔奖得主休伊什在检视他们架设起的复杂而古怪的线网。这座占地约18 000平方米的射电望远镜就是贝尔发现脉冲星时所用的。

【左下图】"利维坦"（Leviathan）是1845年建于爱尔兰的帕森斯顿的一架六英尺望远镜，其镜筒被装设在两堵高耸的砖墙之间，主镜片和转动轴都在底部。这架望远镜基本只能在纵向上转动，而横向的可动范围有限，所以仅能趁目标天体通过中天前后维持一会儿观测。其目镜位于镜筒顶端，所以观测者也需要冒着跌落的风险，攀上云梯，再走进一个悬在空中的走廊才行。

【下图】这是发现史上第一颗脉冲星CP1919时的观测记录纸，顶端的曲线表示的是此星的射电信号变化。通过下方水平线上的各个刻度标志点，可以看出此星的射电脉冲有着严格的周期。

器的条约，在大气层和太空中进行了核试验。核爆炸会在短时间内产生大量的伽马射线，而当 Vela 开始工作后，美国人立刻惊讶地发现几乎每天都能侦测到一次伽马射线爆发，且能量规模比核爆炸要大得多。这种现象被缩写为 GRB，即"伽马射线暴"，它随机地在宇宙中各个方向发生，每次持续的时间从零点几毫秒到数分钟不等。

直到 1997 年，天文学家仍然不清楚发出 GRB 的那种天体究竟是位于太阳系附近、银河系附近还是位于遥远的星系际空间。有两个情况有利于证实 GRB 的发生地点很远，位于可观测宇宙的边缘地带。这种大爆发能在数秒之内释放出超过其所在星系总能量上百万倍的能量，这无疑是除了宇宙起始的大爆炸之外可以想象出的最大规模的爆炸了。

某些 GRB 事件的原理至今未明。但是，天文学家们认为其中那些持续时间较长的 GRB 事件很可能来自特别富有能量的某一部分超新星，或称"超级超新星"（hypernovae），这些星体的性质是即将形成黑洞的恒星残核。这种星核是"裸"的：它的周围缺乏其他物质遮蔽，因此它释放的伽马射线也更多地传递了出来。

【上图】2008 年的这次被编号为 080319B 的伽马射线暴是人类侦测到过的最强劲的一次。其可见光波段的能量甚至制造出了一颗肉眼可见的"临时星"。这次伽马射线暴来自 80 亿光年之外的一个星系，其 X 射线喷流如图中橙色部分所示。

【上图中插入的小图】图中左下角的亮星是 1994 年出现的超新星 1994D，它位于螺旋状星系 NGC4526 的外缘。此星系在靠近这颗超新星的一侧有一条巨大的尘埃带，挡住了许多更接近其中心区的恒星。

黑洞

起初，米歇尔（John Michell, 1724—1793）和拉普拉斯（Pierre-Simon Laplace, 1749—1827）分别在 1783 年和 1796 年从理论上预言了黑洞的存在。这是一种类似于星球的天体，但是在体积极小的同时拥有极高的密度，致使其表面引力极强，不论其表面上的事物拥有多高的速度，都无法逃逸，甚至是有着顶尖速度的事物——光。或许，黑洞谈不上有一个真正的表面，而是在其周围有一个叫作"事件视界"的界面，凡是进入这个界面以内的东西，包括光，都无法再摆脱这个黑洞的引力。所以，在这个界面的内侧发生的任何事件，我们都无从知晓——这就是它为什么被称为"事件视界"。虽然黑洞的概念早在 18 世纪末就建立了，但直到一个多世纪后的 1915 年，才由德国数学家史瓦西（Karl Schwarzschild, 1873—1916）根据爱因斯坦广义相对论的思路推算出了黑洞的第一个数学模型。

伽马射线暴 970228 号和 970508 号

像 NASA 的"伽马射线天文台"（GRO）这样的伽马射线侦测卫星有一个局限，即它不能很准确地找出伽马射线暴发生的方向，而这就令其他望远镜很难在伽马射线暴出现后进行跟进观测。况且，伽马射线暴持续的时间大都不长，即便知道了准确的位置，也来不及在其结束前让地面上的大型望远镜对准它。解决问题之道是让伽马射线望远镜、X 射线望远镜和光学望远镜三者联合工作。比如，当初 GRO 发现了 GRB 970228（编号表示发生日期）这次伽马射线暴之后，不到一个小时，一架名为 BeppoSAX 的意大利 X 射线望远镜就中断了原有的观测计划，转而进行协同观测，并在相应的天区内确定了一个新的 X 射线源。这样，伽马射线暴的精确位置数据就有了。随后，正在加纳利群岛的帕洛马山上工作的荷兰天文学家们很快接到了电话，他们用光学望远镜观察了那个位置，结果找到了一个新的黯淡光点，且其亮度正在迅速减弱。哈勃太空望远镜此时也更改程序加入了"战斗"，并凭借其超强的分辨力确定这一光源位于一个约在 80 亿光年外的遥远星系中。两个多月后，一次类似的伽马射线暴（编号 970508）发生，位于夏威夷的凯克望远镜测出了此次事件的宿主星系的距离，亦大于 60 亿光年。

18

元素之始

恒星赖以产生能量的核聚变反应可以改变化学元素的种类。恒星诞生时，其主要成分是氢元素；在其生命活动的主要阶段，氢不断地聚变成氦；到了"晚年"的巨星阶段，氦开始聚变为碳元素，如果星体质量足够大而形成了超巨星，碳元素还可能变成氧、镁、氖等元素，进而形成硅和铝，最终有可能产生出镍和铁。恒星核心中的氢元素用尽后，其他元素也会继续反应，并且依照密度的不同，形成多个圈层结构，最外围则是因从未进入过足够高温、足够致密的区域而剩下的，没有参与过核心部分反应的氢。

但是，并非每种化学元素的最初生成都是通过这种方式进行的，某些更为少见的元素在天文学角度上另有其诞生途径。比如，有些异常活跃的恒星，其持续活动着的表面就可以生成某些少见的元素，而超新星爆发则提供了更为极端的，从而也更容易创生新元素的环境——新元素的原子核需要吸收很多能量才会出现，所以只有在超新星爆发时的环境中才够。在爆发中，氢、碳、氧、铁等原有元素会结合出一些更重的元素，其产物中最著名的一种就是金。因此，黄金首饰不仅能让你回忆起美好的人间往事，也应该能让你联想到：它所用的材料诞生于数十亿年前某颗极为遥远的恒星的爆发之中。

1987 年，银河系附近的一个星系——"大麦哲伦星云"中爆发了一颗超新星，让天文学家们真切地见证了元素的诞生。该星所含的某些镍转化成了放射性的钴，后者又在大约一年的时间里衰变成了铁。钴的这种放射性同位素可以释放出伽马射线，从而被包括 Solar Max 在内的卫星探测到。顾名思义，Solar Max 的研究对象应该是太阳，因此它的观察方向并不对着大麦哲伦星云。但超新星放出的伽马射线实在过于强烈，它们在击穿了卫星的外壳之后，照样触发了卫星内部相关的感应器件。

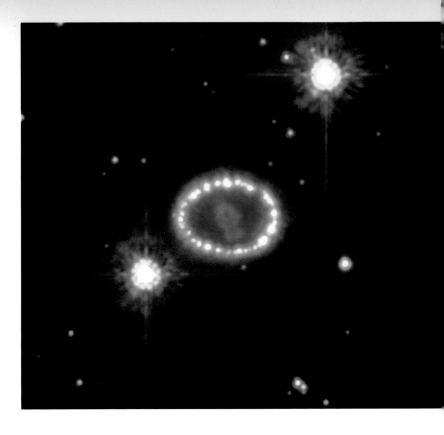

【上图】图中，念珠般的一圈亮点正在逐渐连接起来，并且点亮了正与它们碰撞在一起的、来自 1987 年超新星爆发的残余物质。这也是从恒星内部诞生的元素被抛射出来并与周围的星际物质混合起来的过程。这些混合物即是未来可能变成行星的物质材料。无数次的类似过程，源源不断地丰富着这些材料的数量和成分。

【左图】物理学家、诺贝尔奖得主威廉·福勒。

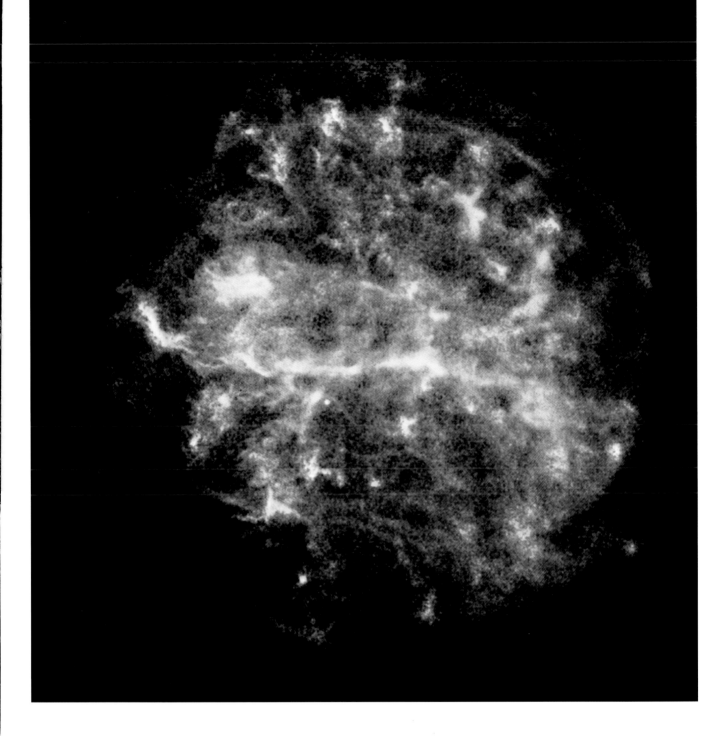

第一篇详细阐述化学元素的完整创生过程的论文出现于 20 世纪 50 年代。这篇划时代的论文由一个英美混合的四人团队合作完成，即杰弗瑞·博比奇（Geoffrey Burbidge，1925—2010）、马加莱特·博比奇（Margaret Burbidge，1919—）、福勒（William Fowler，1911—1995，注意这不是第 60 页的那位福勒）和霍伊尔（第 6 页提到过）。四个人的合称"B²FH"相当有名，另外有些相关工作由哈佛大学的天体物理学家卡梅隆（Alistair Cameron，1925—2005）独立完成。这一跨学科的重大成果获奖众多，其中包括福勒在 1983 年得到的诺贝尔奖。

"临死"的大质量恒星散失物质时，不论是爆发成超新星还是变成行星状星云，其外层所含的元素都会被抛散到空间中。它们与空间中的氢混合，使星际氢中有了多种新的成分。这样，如果这些星际氢将来参与了新恒星的形成，则新恒星中也会含有更多的重元素。若新一代的恒星具有初始的旋转动量，就会将其周围的物质云塑造成圆盘状，于是较重的元素就可能成为行星的主要原料。地球之所以是一个主要由铁、镍组成核心，由碳、氧、铝、硅组成外层的行星，正是因为那些早在太阳形成之前就爆炸了的恒星已经积累了足够多的这些元素。假如太阳诞生之前没有一代代已经毁灭了的恒星，现今的地球上就不会有如此丰富多样的物质，更不会有以这些物质构成的人类。

【上图】钱德拉 X 射线太空望远镜在 X 射线波段拍摄的一个超新星遗迹。它没有昵称，只有一个编号 G292.0+1.8。在粉色和蓝色光芒的包围中，有个类似恒星的亮点，它是颗中子星，其原来的恒星在大约 1 600 年之前就爆炸了。爆炸在此星周围喷撒出一个球形的气体云团，其中富含氧元素。这些氧是在该星爆炸以前由星体中的碳元素聚变而生成的。

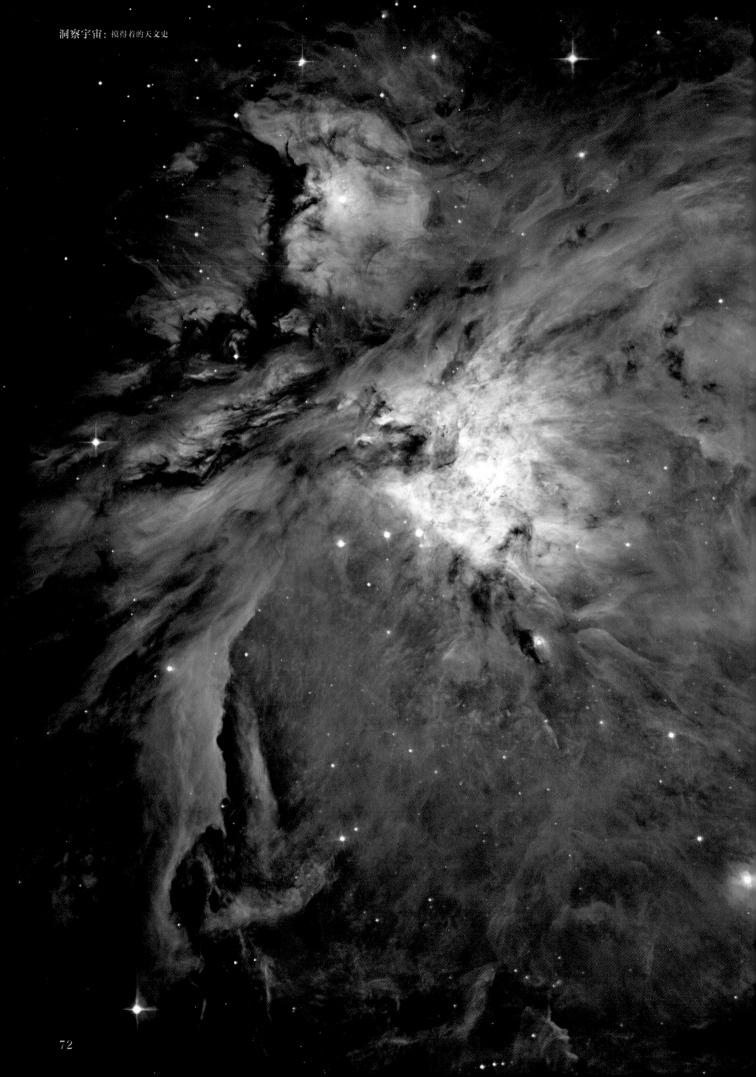

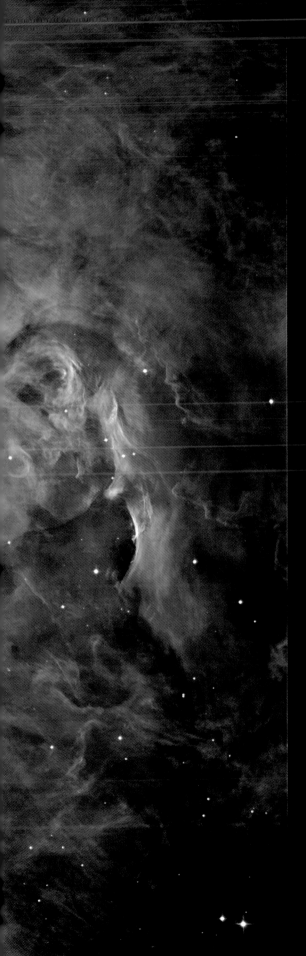

星云

恒星是在星际空间的物质云中一群群地形成的。一个"幼年"的恒星团包含的恒星在质量上千差万别，其中的某些恒星质量很大，又热又亮。这样的恒星会发出紫外线照亮周围的云气，并使之受到激发而发光。猎户座的一些亮星就是这类的例子，其"腰带"上的星就被这样的云气所环绕。它也是人类以科学形式发现的首个星云，发现者是 1610 年的法国律师、业余天文学家佩莱斯克（Nicholas-Claude Fabri de Peiresc，1580—1637），他使用的是由他的赞助人杜维尔（Guillaume du Vair）提供给他的一架新望远镜。次年，并不知晓此事的耶稣会士、天文学家齐扎特（Johann-Baptist Cysat，1588—1657）也独立地发现了这个星云。

猎户座星云离我们只有约 1 500 光年，是最近也因此最常被研究的星云。以哈勃太空望远镜拍摄的照片为例，在光学波段，这个星云整体上像个被咬过的苹果：其外围轮廓巨大且相对较暗，但中间有个圆形的凹洞，洞内又呈现出丰富的结构。凹洞内有四颗靠得很紧的星，这就是"猎户四边形"，其实，这个洞本身就很可能是由这四颗星放射出的物质吹拂出来的，新的恒星以这种方式向创造了它们的星云返还了一少部分物质。这个星云深邃的内部孕育了数百颗新的恒星，"四边形"仅是其中离我们最近的几颗。至于那些隐藏在云气中的新恒星，我们可以通过监测其红外波段的辐射来"看到"，这需要由卫星搭载的红外线望远镜来完成。NASA 于 2003 年发射的"斯必泽"太空红外望远镜承担了这项工作的绝大部分任务。

【左图】这张猎户座星云的照片是由哈勃太空望远镜对其拍摄的多达 520 张局部照片拼接而成的。"猎户四边形"位于图中亮白色的碗状区域的中心（译者注，背景也较亮，需要仔细一点才能看出来，四颗星在页面上彼此间距不足 1 厘米），而在图的左上角，一条很暗的尘埃带如魔兽的爪尖一般，挡在了亮星云的前面。

19

行星系统的诞生

1796 年，法国天文学家拉普拉斯依靠数学证明了太阳系的形状：各大行星都绕太阳运行，而且轨道平面基本重叠，呈一个圆盘状格局。这暗示着太阳系形成的方式，也是它自诞生以来一直维持着的状态。拉普拉斯的论证支持了一个可追溯至瑞典科学家史威登堡（Emanuel Swedenborg，1688—1772）在 1734 年和普鲁士哲学家康德（Immanuel Kant，1724—1804）在 1755 年提出的想法：行星们是从一个有着圆盘轮廓的、绕日运转的星云中逐渐汇聚形成的。这个想法也被称为"星云假说"。

对于威廉·赫歇尔发现并命名的"行星状星云"这种天体，拉普拉斯认为那就是遥远的、像太阳系早期一样的原始行星系统。当然，现在我们知道了这种天体并非新生的"太阳系"。真正在太阳系以外发现第一个行星系统，是拉普拉斯之后大约两百年的事，距今只有一代人的时间。

这个真正的首次发现来自加州理工学院的天文学家贝克林（Eric Becklin，1940— ）和纽格鲍（Gerry Neugebauer，1932— ）。其目标位于猎户座，以两位发现人的姓氏首字母命名为"BN 天体"。它在可见光波段是看不到的，但在红外波段有着强烈的辐射。这种红外线来自一颗新生恒星周围缠绕着的一片不断升温的尘埃云。而"红外天文卫星"（IRAS）在 1983 年发现了更多的近乎原始行星系统的天体：在织女星、天兔座 ζ 星、绘架座 β 星周围都有公转着的尘埃云，特别是绘架座 β 星，它的尘埃云里已经发现了一颗绕着它转的小小的行星。

原始行星系统的首张照片于 1992 年被来自美国莱斯大学的欧代尔（Robert O'Dell）利用哈勃太空望远镜摄得。在猎户座星云的亮背景映衬下，有许多暗色的圆盘出现在照片中，每个圆盘都有一颗明亮的中心恒星，这与"星

云假说"的描述正好相符。这种天体被叫作"proplyd"，即"原始行星盘"的缩写。

现在让我们回溯一下太阳和太阳系的诞生历程。日本天体物理学家林忠四郎（Chushiro Hayashi，1920—2010）在 1960 年率先计算出了这一进程。太阳系是在一块不断凝缩的气体云中形成的，雏形的太阳是个塌缩汇聚着的、自转着的圆球，但它间歇性地从两极射出物质喷流，并朝各个方向释放出"星风"。这一综合过程的结果就是圆球逐渐变扁，成了圆盘。

【左图】哲学家、数学家皮埃尔－西蒙·拉普拉斯。

【下图】照片的中心位置对应的是绘架座 β 星，但它被故意用照相机中心的一个圆片挡住了，以免它的光芒掩盖住它周围那些相对暗淡的物质分布形态。通过这一手段，我们看到了它拥有一个以侧面对着我们的尘埃盘，其中还有一颗小的行星。我们的太阳系也曾经是这种形态。

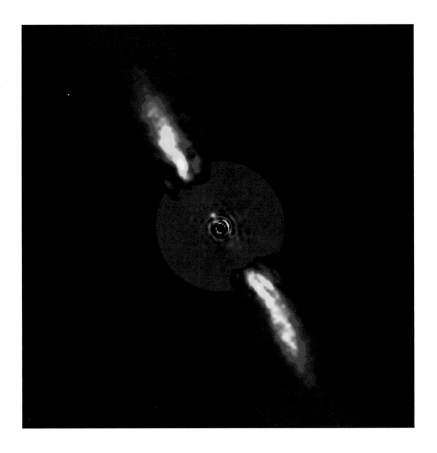

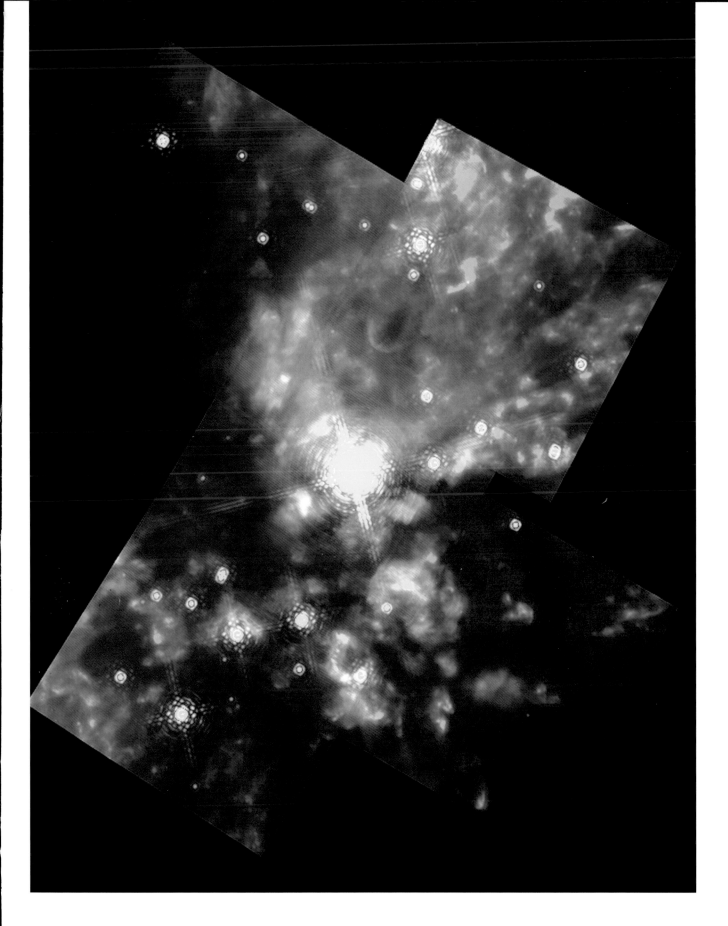

【上图】哈勃太空望远镜在红外波段穿透了猎户星云外层尘埃的遮挡，观察了其内部一个编号为 DMC-1 的区域。这个区域躁动、活跃，正在孕育一批新的恒星，其中最亮的是一种极为年轻的大质量恒星，即"BN 天体"。照片中遍布着的蓝色"云气"是从新形成的星体上逃散出来的、因受激发而放光的氢。

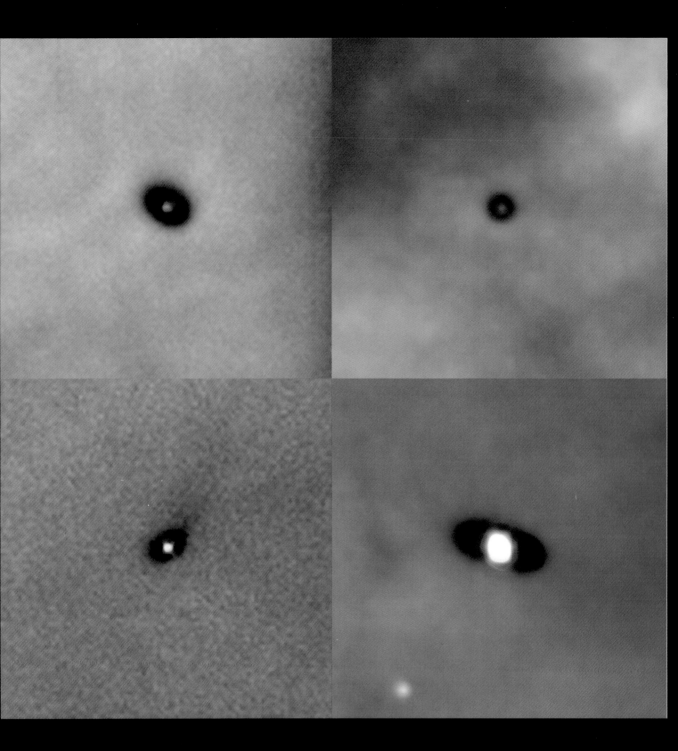

原始恒星在从星际云气间诞生的过程中，自转是越来越快的——物质云的任何缓慢转动，都会在物质密度增高后变得更快，这正如花样滑冰选手在滑行了一大段距离之后，先是张开双臂原地自转，然后将手臂收拢到躯干上，自转速度就会变快一样。直到原始恒星开始向四外抛射出物质，构成原始行星盘后，它的自转才会慢下来。

原始行星系统里绝大部分物质都是氢和氦，但也含有一些由死亡的旧恒星生产出来并抛射至星际空间的其他元素——例如碳元素构成的石墨微粒和细小钻石，还有碳和氧构成的砂粒。通过这种途径形成的尘粒是天文学家从"BN天体"中得到的发现之一，由哈勃太空望远镜摄下。气体云中的某些元素连接成了分子，并在尘粒表面凝结成了冰状。当幼年的恒星启动了自身的核聚变反应，开始辐射出能量之后，这些冰状物就化了，并以气体和蒸汽的形式被

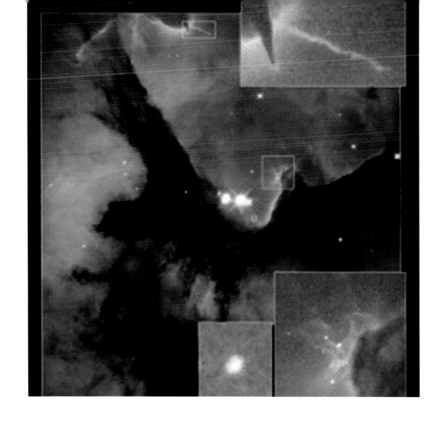

【左图】三条交织在一起的巨大的星际尘埃带，把这个星云在视觉上分成了三块，使其得到了"三裂星云"之名。在暗带的交接点附近，有一组明亮的大质量年轻恒星，它们降低了自己周围的星际物质的密度，并且发光，把朝着它们的尘埃带轮廓照出了一个亮边（见图中所插的右下角小图）。离它们不远处，还有更年轻的恒星正在形成的征象。一颗极年轻的恒星周围还存在着从它的原行星盘里带来的尘埃与气体组成的环（图内下中部所插小图）。右上角插的小图则展示了一颗小质量的新生恒星喷射出的长达 0.75 光年的物质流。

【左图】这里，每个暗盘中心的红色亮点都是一颗年龄仅有约 100 万年的新生恒星。而在猎户星云弥漫着的较亮背景的映衬下，这些深色的尘埃盘依靠着新恒星的引力保护，才得以不被星云中的气体运动冲散，然后才有可能演化为行星系统。

【右图】这块球粒陨石当初在穿越地球大气层时因与大气摩擦而产生高温，于是其外层被烧得斑驳不堪。将其剖开后，可见其内部聚集着很多"球粒"，其中混杂的尘粒中有不少是来自太阳系早期的星云的。虽然这块碎石未能成为像地球这样的大行星的一部分，但其物质成分同样是地球的主要成分之一。

"吹"到了星盘中更边缘、更寒冷的区域。

在孕育行星的云气中，尘粒会逐渐汇聚为固体的团块，不仅质量增大，也更加不易被外力所打散。当团块的直径增加到数千米的级别后，就可以被称为"微行星"（planetesimal）了。

微行星产生的引力，足以使它们之间发生吸引现象。稍大的微行星不断吸纳较小的微行星，从而变得更大，吸引能力也就更强。这一过程称为"吸积"（accretion），太阳系当初的这个过程在距离太阳较近的区域制造了大约 100 颗原始的行星。当这些行星已经能清空自己周围的物体后，吸积的过程就停止了。当然，还是会有一些偶然闯来的剩余材料继续被吸到行星上。在地球上发现的陨石中，就有这么一类属于太阳系创生之初的"边角料"，即"球粒陨石"。

而那些离太阳相对较远的云气中的物质，因为受太阳热能的影响较少，所以形成的是以气体为主的气态巨行星。木星形成得最快，体量也最大。

接下来的几十亿年中，行星之间发生了数十亿次碰撞。这一数据是由以法国尼斯的"蓝色海岸"为中心的一个跨国的数学家小组于 2005 年计算得出的，组员包括戈麦斯（Rodney Gomes）、列维森（Hal Levison）、莫比德利（Alessandro Morbidelli）和齐伽尼斯（Kleomenis Tsiganis）。这次推算的成果被称为关于太阳系历史的"尼斯模型"。

木星的引力扰动了轨道在它之内的众多原始行星，使后者无法在火星和木星轨道之间再形成一颗独立的大行星。这些原始行星中有些留在了原地，成了当今小行星中的一部分，其他的更多是在彼此交错的轨道上乱穿，并互相影响轨道，因此相互碰撞也在所难免。有些撞击事件最终整合出了今天的"类地行星"即水星、金星、火星，以及地球－月球系统，还有些撞击将原始的行星弄得更加细碎，成了今天小行星带内那些为数众多且更为普通的小行星。有人认为地球和月球也是在一次撞击中分裂出来的"孪生星体"。撞击中产生的更微小的碎片，则大多被各颗星系及其主要卫星吸引过去并撞上了其表面，留下了陨击坑（在月球和水星上最为多见），地球也遭受过许多次陨击，但地球上多变的天气现象抹去了大多数的陨击痕迹。

当然，在漫长的混乱时代里，也有不少原始行星被复杂的引力作用抛射到了太阳系的遥远外围，在柯伊伯带（见第 48 页）和奥尔特云（见第 49 页）中继续运行。我们当今看到的彗星，以及类似于冥王星的柯伊伯带天体就是它们的成员。

行星考察

1957 年，苏联"斯普特尼克"卫星发射，开启了空间时代的序幕。次年，美国也首次成功发射了自己的卫星"探险者"1 号和 3 号，其上搭载了由范·艾伦（James Van Allen，1914—2006）设计的用于探查地球周围空间环境的相对简单的科学设备。这些卫星发现了由地球磁场捕获的太阳高能带电粒子组成的区域，即"范·艾伦辐射带"。这也是空间时代的第一个重大科学发现。

月球是距离地球最近的天体，也是被人类实地探测得最频繁的天体。苏联在 1959 年以"月球号"探测器首次到达月球，而美国的"阿波罗"系列登月计划于 1969 年首次将人类送上月球则最为著名。

除了月球之外，金星是离地球最近的天体了。1962 年，"水手 2 号"飞掠金星做了初步考察，而"金星号"（Venera）探测器更是于 70 年代就着陆在金星表面，拍到了那个布满了岩石和熔岩痕迹的世界。至于火星，"水手 4 号"于 1965 年以飞掠的方式对其做了首次考察，十年之后，两个"海盗号"着陆器降落至火星表面，传回了这颗干燥的岩质行星表面的风景照，而它们留在绕火星飞行轨道上的部分则发现了火星表面曾经被液态水冲刷过的证据。1997 年，"火星探路者号"（Mars Pathfinder）则带去了第一部成功工作的火星车。

行星越远，探测起来就越困难，这不单有路途和通信上的考虑，还有能源上的问题。探测器飞远后，可利用的太阳光就更少了，因此利用光电效用来生成电能的"太阳帆板"就必须被"放射性同位素热电式发电机"（RTG，即将放射性元素衰变的热能转为电能）所取代。"旅行者 1 号"和"旅行者 2 号"就在 1977 年开展了这样一次被称为"伟大之旅"的探测，它们利用引力辅助技术（以恰当角度接近一颗星球，借助其引力的牵拉作用获得更高的速度后再飞离它）飞掠了木星、土星、天王星以及它们的诸多卫星。

冥王星还从未被任何探测器近距离拍摄过，不过这一任务即将由 2006 年发射的"新视野号"于 2015 年完成。（译者注：确已如期顺利完成。）

【下图】1969 年，"阿波罗 11 号"实现了首次载人登月。宇航员奥尔德林（Buzz Aldrin）站在一架用于测量"月震"的震动计旁边。在一片脚印的远端，停落着登月舱"鹰号"。那台震动计至今还留在月面上。

机器人的冒险

行星探险工程通常需要多个空间机构的科学家组成联合团队，例如"国际火星考察工作组"这样的团体。探索一颗行星通常从"飞掠"开始，即让探测器经过行星附近，趁机拍照；后续的探测器往往要绕行星飞行，持续考察；接下去才是派着陆器去探测。对于有明显大气层的目标如金星、火星、木星或土卫六（Titan）等，着陆器通常会依靠降落伞自由下降至其表面；而对于月球这样的缺乏大气阻力的目标，则要依靠反推火箭实现安全着陆。着陆器一般是无法在天体表面移动的，所以又有了外星车，这些小车型机器人可以按指令游逛，直到其机件发生故障或是其太阳能帆板因覆满尘土而无法继续输出电能为止。至于更进一步的考察任务，即是采集样本并送回地球（目前人类仅对月球、一颗彗星和一颗小行星做到了这一点），远期的任务则是由真人登陆考察，乃至在其他行星建立可以常住的考察站。

【上图】1997年7月"火星探路者号"成功降落在火星表面后，其外层的减震气囊放气，让搭载于其中的"旅居者号"（Sojourer）火星车展露真容。拍完这张照片后，火星车就驶下了着陆平台，开始了移动考察之旅。图中地平线上的"孪生山峰"就在2千米外。

【右图】苏联的"金星14号"着陆器于1982年3月降落到金星表面，拍下了这颗行星饱经沧桑的岩石层理。这个着陆器安装有一只带弹簧的机械臂，原计划用来按压金星的表面以测试其硬度，但很不走运的是，其照相机的镜头保护盖被抛落之后，恰巧落在机械臂本应按压的位置（右图中上方小图的中心），因此测试无法完成。尽管如此，这个着陆器还是确定了金星表层的这种物质为"拉斑玄武岩"（tholeiitic basalt），这也是地球上很常见的一种玄武岩，在大洋深处的海岭中含量尤丰。

ВЕНЕРА-14a ОБРАБОТКА ИППИ АН СССР И ЦДКС

ВЕНЕРА-14b ОБРАБОТКА ИППИ АН СССР И ЦДКС

内行星

水星和金星这两颗大行星比地球更靠近太阳。由于它们的公转轨道完全在地球轨道的内侧，所以通常只能趁清晨或黄昏才能在天边看到，并且因此在古代（特别是公元前）被很多国家的人们"一分为二"：认为早上可见的金星和傍晚可见的金星是两颗不同的星，水星也有同等遭遇，还由此有了两个名字——金星分别叫作 Eosphoros（在晨时）和 Hesperos（在昏时），水星则叫作 Prpollo（在晨时）和 Hermes（在昏时）。

水星比月亮大些，但与月亮一样没有大气层，也一样有着布满了陨击痕迹的表面，这些陨击大部分来源于太阳系历史早期那种密集的小行星碎片轰击。由于离太阳太近，水星赤道上的温度被炙烤到 430 摄氏度，但又由于没有大气来传导热量，水星上那些照不到阳光的地方还是非常冷：在水星两极的一些高峻的环形山内部，那些被山体遮蔽的终年阴影区可冷至摄氏零下 183 摄氏度。

因为水星个头太小，在地球上看去与太阳的角距离也不大，所以日常较难观测。其实，即便是对于太空探测器来说，水星观测任务也挺不容易的：由于离太阳太近，太阳的引力效果过强，探测器的航线只要偏差稍大，就会错过接近水星的机会。另外，太阳的热度显然也会干扰探测器上设备的运转。保持轨道的问题最后由意大利科学家科隆波（Giuseppe Colombo，也称"Bepi"，1920—1984）解决了，他为 NASA 的太空探测器"水手 10 号"计算出了一条航线，可以借助金星引力来牵拉，

【右图】金星出现在晨、昏天空中时还比较明显，而水星由于与太阳角距太近，几乎与太阳同升同落，所以，水星与金星像这张照片中这样并列的机会是比较少的。灯光下雄伟的巴黎圣母院与天边两颗明亮的恒星，在此彰显了人文与自然交相辉映的美。

【下图】在"金星 14 号"着陆后数日，"金星 13 号"探测器降落在了距前者 100 千米的地点。"金星 13 号"拍摄了彩色的照片（我们展示的这张照片，其左右半边原本各是一张照片，后来被拼接在一起）。这里的岩石是一种叫作"白榴石"（leucite）的火山岩。相比其他岩石，这种岩石会在较短的时间内破碎掉，由此可知这些石头的历史并不很长。

【右图】"信使号"探测器于 2008 年拍下了水星的这张彩色照片。它的表面上布满环形山，其中那些颜色较为亮白，且带有由溅出物质构成的放射形纹理的，是由较新近的陨击造成的，这点与月球表面的情况相似。图片右上部颜色较浅的巨大圆形区域则是"卡罗利盆地"。

【左下图】金星上的马特（Maat）火山高约 8 千米。此图是根据"麦哲伦号"探测器拍摄的俯视图，通过计算机重建出的侧面立体图。从该山顶峰洒落的熔岩可以流至几百千米开外的地方。

【右下图】水星上的卡罗利盆地。此图是用"水手 10 号"拍摄的多张照片拼接而成的。这是一个大陨击坑，在图片左半部分昼夜交界处可以看见多重的同心圆弧。坑的中心点在"夜晚"区内，图上看不到。

【右页（第 83 页）图】这是 1874 年金星凌日期间有人在澳大利亚的悉尼描绘出的记录图。金星的浓密大气可以折射出足够多的阳光，这使它在尚未完全进入日面前就用"亮边"补全了自己的轮廓。

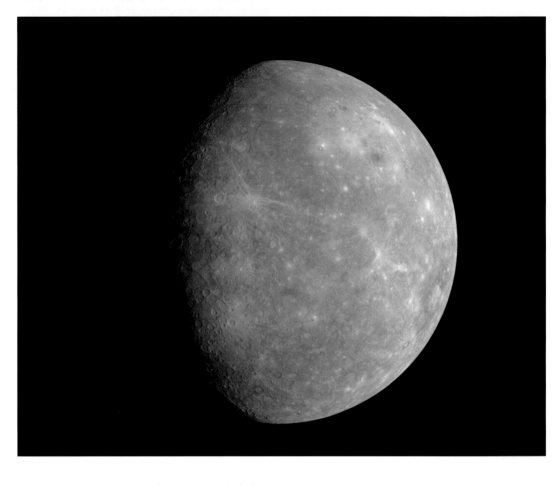

使飞行器进入一条可以反复飞掠水星的轨道。为了表彰他的贡献，欧洲航天局（ESA）未来准备开展的一项水星太空探测计划会以他来命名，即"Bepi Colombo"任务。而 NASA 于 2011 至 2012 年间进行的为期一年的水星绕飞探测器也在名字上玩起了创意，即"信使号"（MESSENGER）这九个字母是从"水星表面"、"空间环境""地化学""测量"等词汇中抽取开头的一个或两个字母组成的。

"水星 10 号"和"信使号"联手完成了整个水星表面的地形图测绘工作。水星上最大的陨击痕迹即是卡罗利（Carolis）盆地，直径达

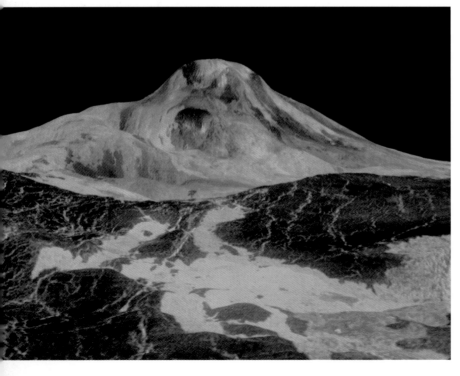

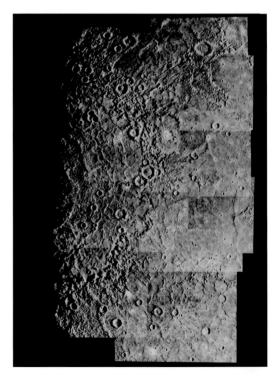

1550 千米，它也是太阳系中最大的环形山之一。而在水星另一面与这个盆地对称的位置，有一个不同寻常的丘陵区域，名为"神秘地带"（Weird Terrain），这应该是导致卡罗利盆地诞生的那次撞击在水星地壳中产生的冲击波绕过整个星球，然后在另一面会合的结果。

金星的大小与地球很接近，常被称为"地球的孪生兄弟"，但这叫法也不确切，因为金星的环境实在太恐怖了：其地壳炽热且多火山，其大气充满了浓密的二氧化碳，其天气则包括滚烫的硫酸雨，以及时速高达 320 千米的狂风。金星厚重的云层也正是其酸雨肆虐的产物，使得我们在望远镜中只能见到一个缺乏特征的星球，看不到其他地形地貌。

我们关于金星的详细知识基本都来自空间时代的探测。1962 年，美国"水手 2 号"太空探测器飞掠金星，这是人类制造的飞行器首次飞临另一颗大行星。不久，苏联的"金星号"探测器更是着陆在金星表面，但那里严酷的环境使得这个探测器只工作了几十分钟就"牺牲"了。

美国的"麦哲伦号"留在绕金星飞行的轨道上继续观测了四年有余。其雷达设备透过金星的云层，观察了金星几乎全部的表面，揭示了这颗行星上与火山有关的诸多地貌——除了火山熔岩制造出的平原和沟渠以外，还有比地球上的大型火山口要大一百倍的巨型火山口。金星表面的陨击痕迹倒不是很多，因为这些痕迹都是在比较晚近的时期才产生的——目前认为，大约五亿年前的一次大规模火山活动重塑了金星的壳层，抹去了更早的陨击地貌。

欧洲空间局的"金星快车"任务于 2006 年进入绕金星飞行的轨道，其重点在于研究金星的大气层。俄罗斯的科学巨匠罗蒙诺索夫（Mikhail Lomonosov）早在 1761 年就利用金星凌日（金星从日面前经过）的机会，以金星在日面边缘时显出的亮边为证据，确认了这颗星球存在大气层。由于金星大气中的二氧化碳含量太高，其温室效应严重，到达金星表面的太阳热能被更多地留在了大气层内，导致金星上的气温超过了 460 摄氏度。金星表面原来也曾有过海洋，但由于这么厉害的温室效应，早就全都蒸发掉了。水蒸气的增加，加剧了温室效应，而这又反过来导致更多的温室气体产生。这种恶性循环最终造就了当今的金星气候。

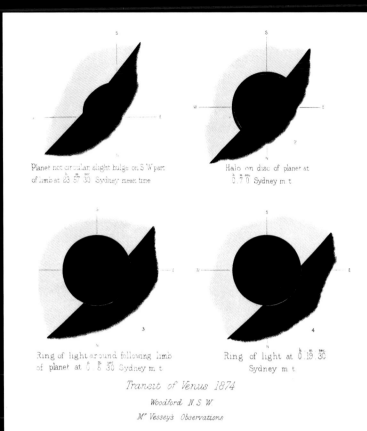

Planet not circular slight bulge on S W part of limb at 23 57 30 Sydney mean time

Halo on disc of planet at 0 7 0 Sydney m t.

Ring of light around following limb of planet at 0 8 30 Sydney m t.

Ring of light at 0 19 30 Sydney m t.

Transit of Venus 1874

Woodford N S W

Mr Vessey's Observations

被扰动的轨道

在地球上看来，金星会有规律地从太阳圆面之前一次次地经过，这种现象叫作"金星凌日"，（具体的规律是每一百年出头会发生两次，这两次之间则相隔八年）。精确地观测记录这种天象，有助于算出太阳与地球的距离，而这一距离正是推算"星历"的关键参数之一（"星历"是预报行星位置的日历表格，可用于航海）。为了在多个地点联合观测 1761 年和 1769 年的金星凌日，人们成立了多支探险队，分赴西伯利亚、挪威、纽芬兰、马达加斯加、好望角、哈得孙湾、墨西哥下加州（当时属西班牙）、塔希提等地。其中在好望角的观测是由大地测量专家迪克逊（Jeremiah Dixon, 1733—1779）和梅森（Charles Mason, 1728—1786）完成的，这两人也是美国独立之前那条著名的"梅森 – 迪克逊线"（当时的南北地区分界线）的勘定者。另外，在塔希提等地的观测是由库克（Cook）船长率领的，当时他正在完成自己的首次环球航行，在那次航行中他发现了澳大利亚。

而水星的轨道则在爱因斯坦（1879—1955）的广义相对论的理论发展进程中起到了关键作用。爱因斯坦的理论比牛顿的理论更加精确，这一点在推算处于强大引力场中（比如离太阳很近）的天体轨道时尤其明显。太阳的引力之大，可以让水星的椭圆轨道发生比较明显的"进动"，即这个椭圆的长轴的指向会逐年偏移，于是水星的近日点也会逐年变动。这种"进动"现象是从 19 世纪开始被人们观察到的，著名的勒威耶（Urbain Leverrier, 1811—1877）对其给出的解释是：在水星的轨道内侧，还有一颗未知的行星离太阳更近，这个被称为 Vulcan 的假定天体扰动了水星的轨道。但是，人们终究没能发现这样一颗行星，于是水星轨道进动之谜又延续到了 20 世纪。不料，这道大难题竟于 1915 年在爱因斯坦的广义相对论面前迎刃而解。这也让爱因斯坦大为欢欣鼓舞，决心将广义相对论公之于众。

地球、月球与火星

地球

哥白尼 1543 年出版的著作开始让世人了解到：地球只是绕着太阳运行的一颗行星。代表着这一事实的地球轮廓曲线，于 1961 年被第一个乘坐太空飞船环绕地球的人加加林（Yuri Gagarin，1934—1968）所目睹。不过，人类亲眼看到地球呈现完整的球形的一刻还要推迟到 1968 年。当"阿波罗 8 号"的宇航员伯尔曼（Frank Borman）、洛威尔（Jim Lovell）和安德斯（Bill Anders）从月球背面绕飞结束时，他们摄录下了地球从月球后面"升起"的景象。拥有海洋、云层和陆地的，呈蓝、白、棕错杂颜色的地球显得生机勃勃，与单调、灰暗、覆满尘埃的月亮形成了鲜明的对比。这张照片如今已是代表我们的母行星的一幅标志性画面。

地球有着强烈的地质活动性，具体表现包括火山活动和地震等，这使它在行星界中显得别具一格。1912 年，德国的地球物理学家魏格纳（Arnold Wegener，1880—1930）注意到各个大洲的轮廓似乎可以像被撕成两半的纸片那样拼合在一起，于是在明知将遭到非议和嘲讽的情况下大胆提出了这个假说：地球上的各大洲原本是一块完整的大陆，后来逐渐漂移散开才成了如今的样子。20 世纪 50 年代，由海底山脉及其水下火山组成的"中大西洋海岭"（Mid-Atlantic Ridge）被发现，人们也证实了地球深处的物质正是沿着这条线不断被挤进海洋，从而使南美洲、北美洲、欧洲、非洲彼此距离越来越远的。也就是说，各大洲其实是"漂浮"在地幔上的（地幔是固态地壳和液态地核之间的半固态层）。这种特点自是事出有因：地球液态核心所占比例冠居整个太阳系，这正是地球的地质活动活跃度超过太阳系内其他任何行星的肇源。

月球及其起源

1610 年，伽利略通过自制的望远镜观测月亮，看到了那上面明亮的高地、灰暗的平原、绵延的山岭，还有遍布于所有这些地形上的众多环形山。此后的三百年间，环形山一直被认为是火山口。1903 年，美国矿业工程师巴林格（Daniel Barringer，1928—1987）提出假说，认为美国亚利桑那州的那座大环形山是陨石撞击造成的。1960 年，地质学家舒梅克（Eugene Shoemaker，1928—1997）发现此地的硅土具有罕见的晶形，应该是来自受到了剧烈冲撞的石英，由此证实了巴林格的猜测。而在 1969 至 1972 年间的六次探月任务中，宇航员们从月球上带回了共计 300 千克岩石样本以供研究，这些样本多是陨击时崩溅出来的碎块。分析结果令人相当吃惊，这些样本的理化成分与地球上的岩石基本一致，这就支持了"地球、月亮几乎同时形成"的论点。

美国地质学家戴利（Reginald Daly，1871—1957）曾于 1946 年假定月球是地球在受到某次猛击后的裂出物。1974 年，在夏威夷举行的一次学术研讨会上，这个假说在当代主流学术的意义上重新得到了青睐。假说认为，在地球形成初期，一个跟火星差不多大的天体（目前假称为 Theia）沿切线方向撞到了地球，这不仅赋予地球以额外的角动量，也让许多散碎的地幔物质飞进了绕地球运转的太空轨道，这些物质后来逐渐合成了月球。而 Theia 的液态核心则从此与原始地球熔为一体，使地球的核心大小增加为"正常值"的 2 倍，也由此给地球上频繁的地震埋下了独特的根源。

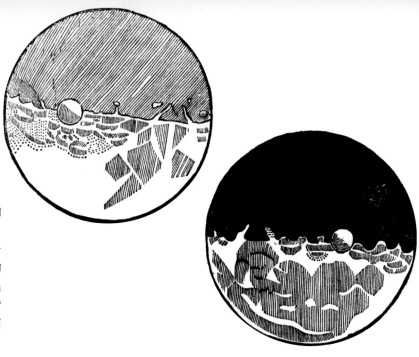

【上图】伽利略在其《星星的信使》一书中描绘过上弦月和下弦月的样貌，其中阿尔巴塔尼（Albateguius）环形山被画得夸张地大，且正好位于晨昏线上，这都不够准确（译者注：按张元东《美丽月球》，此山中心离月面中央经线有 4 度）。这里的图选自 1610 年此书在法兰克福的一个盗版版本，形式为木刻画。

【右图】月球干燥、荒芜的灰色表面与地球荡漾错杂着蓝、白、棕蓝色的表面形成了强烈的对比。这张照片经常被用来向人们警示地球资源的有限性。

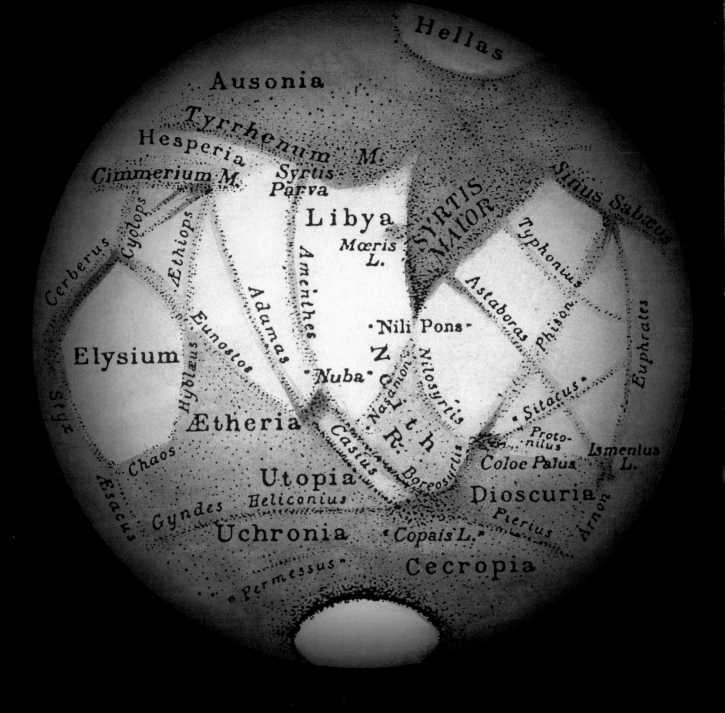

【上图】20世纪初期的一幅火星地图。图中可以看到火星南极处亮白色的冰雪极冠。当时人们认为火星表面纵横交错的纹理是火星人开凿的运河，火星人利用这些河道把极冠处的冰雪融水输送到火星各地，而极冠周围的暗圈被认为是受到融水直接滋养所生长出的农作物。

火星

这颗红色的行星在占星术的话语中被视为战争之神的化身，其名字Mars就来自"战争的"（Martial）一词，历来给人以一种"威胁"、"恐惧"的联想。

伽利略在1610年成了目前已知的最早使用望远镜观测火星的人，但他只看出了火星的圆面，没能分辨出更多的细节。1659年，荷兰天文学家惠更斯使用改进过的望远镜看到了火星表面一块灰绿色的三角形暗区，这就是著名的"大流沙"（Syrtid Major），也译"大瑟提斯高原"。1666年，生于意大利的法国天文学家卡西尼发现了火星南极的白色区域，是为"极冠"。1704年，法裔意大利天文学家马拉尔蒂（Jacques Philippe Maraldi，1665—1729）证实火星的极冠会依季节不同而增大或缩小，这与地球上的极地冰盖很类似。1781年，赫歇尔（见第44页）

也顺应了当时人们对于火星存在生命的与日俱增的信心，表示火星拥有充足且适度的大气层，适宜生存，所以火星居民们的生活环境在很多方面应该都与我们类似。

1869年，梵蒂冈天文台的天文学家塞齐神父抓住火星运行至离地球很近处的时机进行观测，绘出了当时最富细节的火星地貌图。图中，火星表面有两条明显的暗线，塞齐将其称为"canali"，这在意大利文中只是"沟槽"的意思，因此在被转译为英文后成了channel一词。然而，channel在英文中另有一个义项"运河"，结果这个术语就给英文读者留下了一种与"人造工程"有关的心理暗示。

1877年，意大利天文学家斯恰帕雷利（Giovanni Schiaparelli，1835—1910）制成了第一幅真正意义上的火星详图，其上标出了许多的"运河"，并以地球上著名的河川予以命名。法国天文学家弗拉马利翁写道，这些沟渠非常像人工开凿的运河，用于在火星各地进行水资源的再分配。美国商人洛韦尔于1894年建立了以自己命名的天文台，用于研究火星，他还出版了一些超白金畅销书，内容涉及火星上的生活，书中还含有比前人更加精细的火星水运网络极详图。所有这些事情都让当时的人们更加相信火星是一颗有高级智慧生物居住的干旱星球，也催生了科幻作家威尔斯1898年的著名科幻小说《星际战争》，而这本小说又衍生了不少电影、戏剧和录音专辑。

【下图】火卫一（Phobos）的轨道已被"潮汐锁定"，也就是说，它只能以一面始终对着火星。它的表面有许多平行的凹痕，有些凹痕穿过了已被剥蚀的年老陨击坑，还有些则被边缘锐利的新陨击坑所切断。由此可以推断，这些凹痕是在一个较短的时期内由一场从切线方向袭击了这颗卫星的陨石雨造成的。

【上图】波隆那画家克莱蒂的系列画《天文观测》中的《火星》，作于1711年。画面中，一位贤者和他的侍从们正在凝望夜空，但他们看到的火星被画成了一个毫无特征的圆球，略呈盈凸相。

火星的卫星：福波斯和戴莫斯

1877年，美国天文学家霍尔（Asaph Hall，1829—1907）在美国海军天文台通过望远镜发现了火星的两颗卫星，后被分别命名为"福波斯"（Phobos）和"戴莫斯"（Deimos），意思分别为"担忧"和"恐惧"，来自史诗《伊里亚特》中战神阿瑞斯（Ares）召唤来的两个人。从欧洲航空局2008年"火星快车"任务利用太空探测器拍回的最新也是最清晰的近距离照片，以及此前各个曾飞临它们的探测器的拍照结果来看，这两颗卫星都有着与小行星很类似的外观：如土豆般不规则的形状，表面有不少陨击坑。目前有一种假说认为，这两颗星球原本都是小行星，只是在偶然中飞到了离火星太近的地方，被其引力俘获，才成了卫星。但是，我们至今仍然缺乏令人信服的理论计算来说明发生这种事件的概率究竟有多小。

对火星的空间探测

人类已成功进行过约20次火星太空探测，其中最早的两次是1964年的"水手4号"（经过火星）和1971年的"水手9号"（进入绕火星飞行的轨道）。后者拍摄了火星表面上的众多沟槽和火山口，包括全太阳系中最大的火山——奥林匹斯（Olympus）山。最早成功地着陆在火星上的探测器是1972年的"海盗1号"及"海盗2号"，它们拍下了这个寒冷、荒凉的岩石世界的地景照片。"火星探路者"则是第一个成功释放出火星车的探测任务，火星车对其着陆地点周边一些有趣的目标做了近距离的探查。当今我们关于火星的详细知识大多来自"机遇号"、"勇气号"、"凤凰号"火星车，以及"火星快车"、"火星奥德赛"、"火星侦察"等绕轨飞行的探测器。

大量的努力为我们揭示了这样一种关于火星环境的整体认识：以荒漠为主，缺水且多风沙，两极有一些冰，但只有很少一点迹象能体现出那些仅存的液态水资源——在由陨击生成的环形山的山壁上，偶有渗出地下泉水的现象，另外我们还探查到了某些必须依靠水的存在才能生成的矿物质。不过，如果要论关于"火星

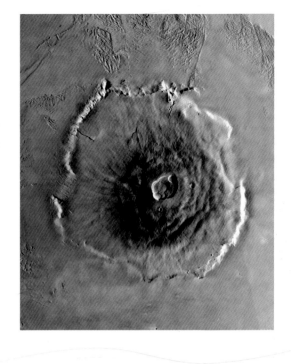

上曾经水源充沛"的证据，那就一抓一大把了：除了已经干涸的湖泊、冰川，还有很多地质遗迹表明那里曾经有过夹杂着翻滚的碎石滔滔奔涌的急流和洪水。

火星上水资源丰富的那个时代被命名为"挪亚时代"（Noachian Era），它在36亿年前就结束了。这一名称来自人们对火星上一个广阔的、有着各种水源活动地质痕迹的地区的命名——"挪亚之陆"，用的是《圣经》中关于上古大洪水的幸存者挪亚的典故。

当今的火星上还有水吗？2008年凤凰号火星车钻探了火星表土后发现，下面确实藏着不少的冰。另外，有些火星陨击坑——例如"尤蒂"（Yuty）坑——周围存在很多土垒，看起来很像是冻土中的冰被陨击所融化并喷溅后，再度冻结而成的。

火星的大气层稀薄且多尘，其化学成分主要是氮与二氧化碳。但有趣的是，2004年，"火星快车"轨道飞行器在其中也发现了甲烷的踪迹——要知道，在地球上，甲烷通常由活火山释放出来，或由生物活动产生，例如植物的腐烂，还有动物的肠胃气胀与打嗝，所以也叫"沼气"。由于这种气体并不稳定，并不能在火星那稀薄的大气层中长期保存，因此火星上必有某种能产生新甲烷的活动。不过，火星上并没有已知的活火山，那么还能有什么别的来源吗？难道是生命？

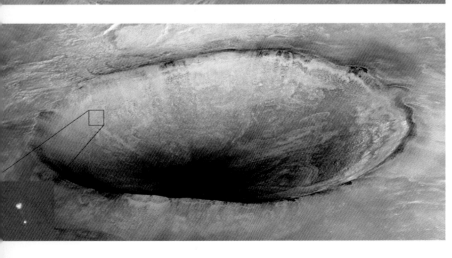

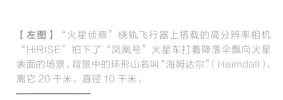

【上图】这是哈勃太空望远镜于 2003 年 8 月 27 日 "火星大冲"（指离地球极近）那天拍摄的火星照片。时值火星南半球的夏季，所以其南极由固态水与二氧化碳组成的白色极冠已缩减至最小，而其北半球此时覆盖着茫茫一片被狂风新铺上的火山灰尘。相比之下，南半球的那些年代久远的陨击坑还是能看得很清楚，它们内部布满粗砾，因此呈现深色。

干旱的行星

是什么样的条件让火星的环境从湿润转为干燥的呢？首次火星探测的结果就给我们带来了惊异——火星没有任何明显的磁场，这或许是由于它的铁质核心已经冷却成固体（地球的磁场是由一个特大的流体铁核运动而产生的）。行星有了磁场，才能防止其大气层受到太阳喷发出的带电粒子的破坏，比如地球的磁场就能把这些粒子给弹开（所以说地球的巨大铁核既带给我们地震的灾难，也保住了我们赖以生存的空气）。火星由于磁场极弱，其大气渐被太阳粒子剥蚀稀薄，其水分也渐遭蒸发，才经历了超乎想象的气候巨变，成了一颗几乎完全死寂的星球。

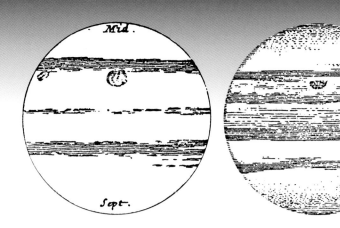

气态巨行星

木星

木星是太阳系中最大的行星，其质量超过其他各行星总和的两倍。木星的成分几乎都是气体，所以密度很低。我们平时所说的"木星表面"，其实只是它的大气层顶端，而它的大气层向内延伸得很深，密度也随之升高，并没有像地球表面这样明确的"表面"。我们看见的木星拥有许多条与它赤道平行的、充满扭结花纹的云带，当然有时还能见到那个叫作"大红斑"的著名区域。"大红斑"于1664年被英格兰学者胡克（Robert Hooke，1635—1703）首先观察到，后又被任职于巴黎天文台的卡西尼仔细研究过。它是木星大气中的一个风暴气旋，已经持续存在了至少350年之久。

在天文望远镜中，木星很明显地略呈椭圆形，两极发扁。这是因为它的自转速度太快了——每自转一圈只消不到10小时。木星也有一个固态核心，也有磁场，其磁场产生的无线电波是于1955年被美国华盛顿特区卡内基学院的射电天文学家布尔克（Bernard Burke，1929—　）和弗兰克林（Kenneth Franklin，1920—2007）首先侦测到的。

至于首次对木星磁场进行直接探查，则是1973年12月由"先锋10号"探测器在飞经木星时完成的。木星的磁场是这颗巨行星各方面性质的重要反映，因此后来的"伽利略号"探测器又对其做了精细探测。"伽利略号"也是目前唯一曾长时间停留在绕木星飞行轨道上的探测器（从1995年至2003年）。木星的磁场范围很大，甚至快触及土星轨道了；木星磁场也很强，能将木卫一（Io）喷发出的火山物质输送到接近木星两极的大气顶层，制造出木星版的极光现象。

木星的巨大体量对彗星们的轨道有较大的影响。1994年7月，它捕获、撕裂并吞噬了舒梅克－列维9号彗星，后者被木星引力拽成20多个碎块，依次撞入木星大气，扎出了一串临时云洞。木星大气深层的冰状物质首先涌出，暂时填补了这些洞口，使其在较短的时间内呈现为红棕色斑点。天文学家根据对这次撞击事件的观测经验，识别出了标志着同类事件的另一些色斑，但并不知道对应的彗星是哪颗。这样的事件在2009年再度出现，发现者为澳大利亚业余天文学家韦斯利（Anthony Wesley）。

【上图】卡西尼在1672年和1677年绘制的木星素描。大红斑在两图中均出现于中央上方，这一气旋比地球还大。

【右图】"卡西尼号"探测器2000年的这张照片显示了镶嵌在斑斓繁复的云带中的狂暴涡流"大红斑"。木星云带的主要成分有氨、硫化氢和水，还包括从深层大气中翻卷出来的含有多种元素的各色混合物。棕色、粉色和橙色让木星看上去更加神秘。

【左图】"伽利略号"探测器带来的大红斑假彩色照片。此图用不同颜色代表不同的甲烷含量，用于标识云层的高度：从顶层至最深层依次为白、粉、蓝、黑。黑色的那圈仿佛是大红斑的"领口"。

木星质量的 99% 是氢和氦，其中氢占 3/4，氦占 1/4；其他多种重元素仅占木星物质的 1%，这点几乎不言自明，不然木星、土星、天王星、海王星就不会被称为气态巨行星了。它们之所以富含气体，是因为它们处于太阳系稍外层的"气化区"，在行星的形成期，这个区域内的太阳热能不足以将固态水融化，也无法让较轻的气体消失。

木星的卫星家族庞大，至少有 60 颗，其中最大的四颗彼此个头相差不大，被伽利略于 1610 年一并发现。1979 年，飞往太阳系外的两架"旅行者号"探测器飞经木星时，对较靠外的两颗大卫星（木卫三、木卫四）做了观察，发现它们是覆盖有冰层的岩质星，表面都有较多的陨击坑。而木卫二（Europa）具有一个极特殊的情况，使得它有望成为人类已知的最圆的星球——虽然它的本体也是冰冻的岩质，但它上面的冰有一部分融化了，并且升到了表层，形成了一个表面结着冰的液态海洋，其所含的水量比地球上的海洋还多。

因为木卫二的冰壳曾经多次被陨石打中，所以其海水也曾经从各个破口处涌出，从而在这些地方留下了由盐分形成的色斑。不过，木卫二表面几乎没有陨击坑，这是由于冰壳被击破后，漂在海面上的浮冰会很快将"伤痕"抚平。

四颗伽利略木卫中离木星最近的是木卫一，它可与另外三个"兄弟"大不相同。"旅行者号"的一位年轻工程师莫拉比托（Linda Morabito，1953—　）在 1979 年发现这个星球上居然有活火山，并且正在把火山灰喷到高空。整个木卫一表面不乏火山口、熔岩流以及飘动的火山灰。

木卫一和木卫二之所以与冰冷的岩质星木卫三和木卫四如此不同，是因为它们比木卫三和木卫四更接近木星，承受的潮汐作用力更强。

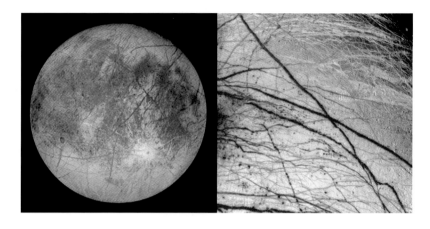

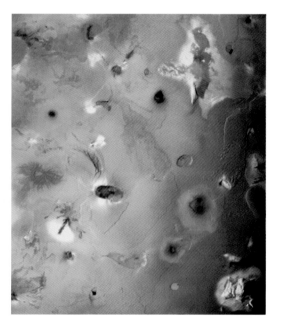

【左上图】木卫二表面的冰层上布满了由浮冰移动造成的裂口和缝隙，曾经从这些破口处涌上来的海水用其所含的盐分为其染了色。图中右下方可见一次新近的陨击痕迹，撞击点周围的白色是从冰层中崩溅出来的冰雪碎渣。

【右上图】木卫二表面的浮冰彼此推挤摩擦，导致下面的海水涌出并在冰层上留下彩色的斑点。

【左图】木卫一的南极地区有一些破碎的火山口及其熔岩流，白色如雪的则是喷射出的固态二氧化硫。

在这种作用下，木卫一和木卫二不断收缩、舒张，像心脏般搏动，搏动过程释出的热能又提升了它们的内温。

【下图】1994 年，舒梅克 - 列维 9 号彗星被木星的引潮力撕成了多个碎块，依次撞入木星大气层。

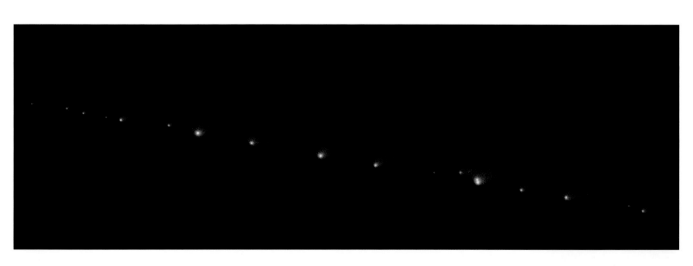

土星

伽利略在 1610 年观测土星时，看到土星两侧各有一处奇怪的凸起，于是他猜测那是土星的两颗巨大的卫星。但此后的几十年间土星的样子发生了变化，"两颗卫星"逐渐消失了，这是因为地球的位置相对于土星赤道面的角度会变——我们今天已经知道，那"两颗卫星"其实就是土星薄薄的光环，当地球正处于土星的赤道平面上时，就几乎看不到。1659 年，同时也是物理学家的荷兰人惠更斯使用他显著改进过的望远镜，揭开了土星光环的真面目，同时也发现了土星卫星中最大的一颗，即土卫六（Titan）。

1979 年的"先锋 11 号"和 1980 年至 1981 年的两架"旅行者号"探测器先后飞掠土星，对其实施了史上首批近距离简单观察。结果发现，土星的云层和气候与木星多有相似之处，但由于离太阳更远，接收到的热量有限，活跃度不如木星。另外还发现，土卫六拥有浓密的大气层。2004 年，由欧空局和 NASA 合作发射的"卡西尼号"探测器成功进入绕土星飞行的轨道，并计划在那里持续工作到 2017 年。

入轨之后，"卡西尼号"把带着降落伞的"惠更斯号"着陆器放向土星，用以摸清其大气和表面的构成。

人类已知的土星卫星不下 50 个，而土星的光环则由几乎数不清的更小的碎块和尘埃组成。其中，土卫一（Mimas）独具特点：它曾被一颗很大的小行星猛烈撞击，其冲击波在它表面留下了许多褶皱和纹理。据估计，这颗小行星当初撞击的如果是月球，恐怕月球会粉身碎骨。而另一颗卫星——土卫二（Enceladus）则会不断地向自己的高空地带喷射水和冰等物质。

【左图】早期的望远镜成像精度不足，无法准确识别土星环的形状。这是 1622 年意大利物理学家利采蒂（Fortunio Liceti）书中的土星形象插图。

土星的光环

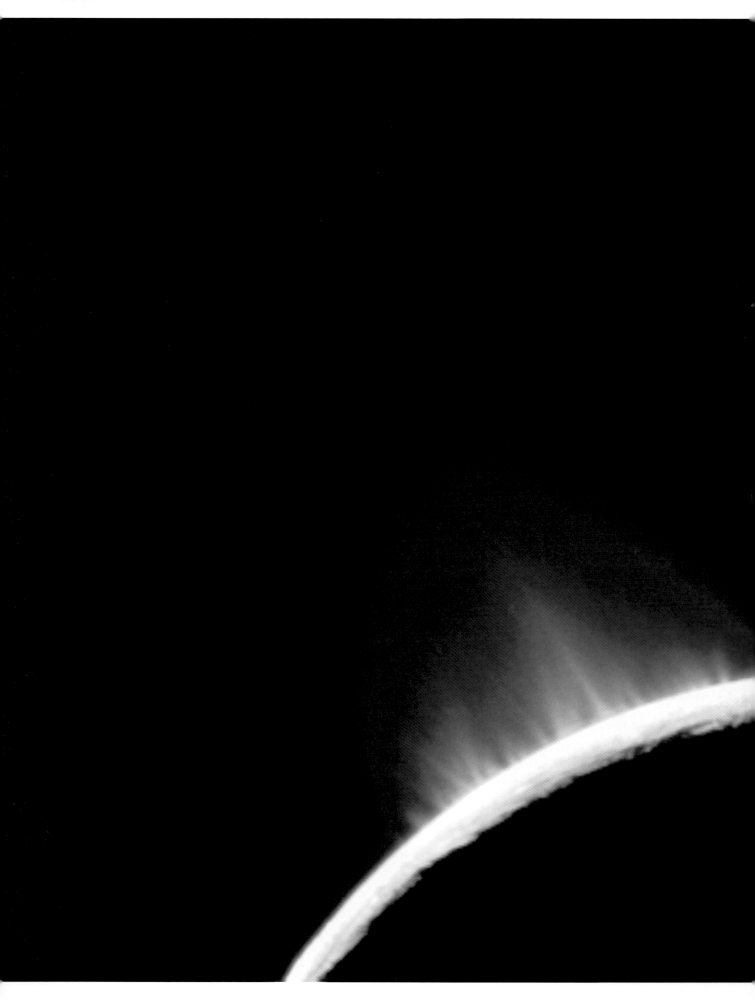

土星最大的卫星土卫六也是冰冻的岩质星体。"惠更斯号"2004年发现土卫六的极区被液态湖泊覆盖，"湖水"的成分则是碳氢化合物类。土卫六大气的主要成分是氮，充满烟霾，还有由甲烷、乙烷等组成的云。其气候多风，还会下液态烃类的雨，"雨水"会流淌成河与湖，因此也出现了诸如湖盆、河床、沙丘之类的地貌特征。因为土卫六的大气构成与原始地球相像，其空气和湖中都富含碳类化合物，所以目前认为它有可能像地球那样孕育出史前生物。

天王星与海王星

当代空间天文学对天王星、海王星的研究尚处于起步阶段：目前仅有"旅行者2号"探测器在1986年、1989年先后飞掠这两颗行星，做过简单探索。天王星的自转轴倾斜角度极大，基本算是"躺"在轨道上运行的，因此那里不同季节之间的温差变化最为极端和诡异。它的这种姿态可能是曾经被小行星撞击的结果。天王星其实也像土星一样有光环，只是太细，远未形成规模。天王星的众多卫星中，天卫五（Miranda）特别有趣，它的表面极度坎坷不平，想必是经历过暴风骤雨般的陨击。这阵痛击很可能已经把天卫五击碎了，但幸好这些碎块还没有彻底打散，所以它们在引力作用下又勉强重组了起来。至于海王星，倒是令人意外地具有活跃的天气状况。虽然身处远离太阳的寒冷区域，但是海卫一（Triton）居然拥有可以喷出水、氮、氨和甲烷的"冷火山"。

【左图】土卫二喷出的冰雾。土卫二表面的亮边来自太阳的光。

【上图】土卫一表面有个特大的环形山，名叫"赫歇尔"。当初造成这个环形山的那颗彗星或小行星如果撞得再猛一点，恐怕早把土卫一给撞碎了。

【左下图】土卫六是土星最大的卫星，为冰质。欧空局的"惠更斯"着陆器拍摄的这组照片显示，土卫六上的液态甲烷"河流"在其山区中蚀刻出了河道网，然后汇入巨流或湖泊。

【下图】天卫五（Miranda）形态扭曲且表面粗糙，其中少量较平滑的地区也都被山峦和高地所包围。这要么是被其他天体猛力撞碎后"错误重组"的结果，要么就是这颗卫星曾在原先的轨道上被天王星强大的引潮力破坏所致。

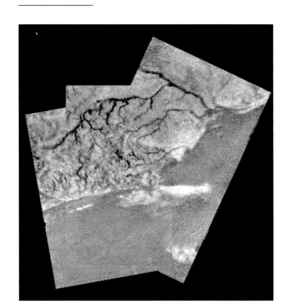

其他的"太阳系"

哥白尼在 1543 年发布的理论宣称太阳是恒星，地球是行星。而第一个明确指出其他恒星也可能拥有自己行星的人则是意大利多明我会的修士、哲学家布鲁诺（Giordano Bruno，1548—1600）。坎特伯雷大主教嘲笑布鲁诺的观点说："哥白尼只是让地球绕太阳转起来，恒星天球好歹还是固定的；但布鲁诺简直是让自己的脑袋转起了圈子，他的脑子恐怕早转坏了。"布鲁诺最终被宗教裁判所宣布为"异端分子"，于 1600 年遭火刑烧死于罗马，其学说被诬为恶言，遭到封禁。但是，牛顿（1643—1727）后来在其《原理》（1713 年版）一书中响应了布鲁诺的天文理念："若

诸恒星皆率一行星系统如太阳，则举寰宇同凭一理念建构为整体。"

尽管如此，要说人类首次真正发现其他恒星周围存在行星，那就是晚至 1992 年的事情了：发现者是波兰的射电天文学家沃尔兹森（Aleksander Wolszczan，1946— ）和他的同事弗雷（Dale Frail），他们在波多黎各的阿雷西博射电天文台完成了这项工作。他们观察的恒星是一颗编号为 PSR1257+12 的脉冲星，它的三颗行星有可能是侥幸活过了令主星成为脉冲星的那次超新星爆发，但也可能正是从那次爆发的喷射物里诞生的。若是后一种情况，即"主星死亡后造成的行星系统"，那就

【下图】哈勃太空望远镜拍摄的北落师门星（Fomalhaut）周围的圆形尘埃盘。科学家故意用一个挡片遮住了恒星主体，以免其强光对照片造成干扰。这个尘埃盘绕着该星转动，由于轨道面与我们的视线呈斜角，所以在图中呈椭圆形。其边缘的一个小亮点（图中小方框所示）是颗行星，距离主星 170 亿千米。右下角所插的小图显示了这颗行星从 2004 年到 2006 年的位置变化。它绕主星转一圈要用 782 年。

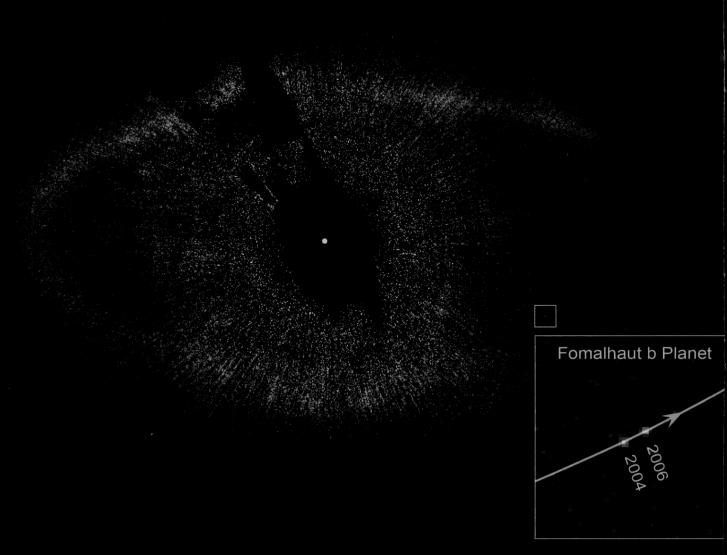

Fomalhaut b Planet

2006
2004

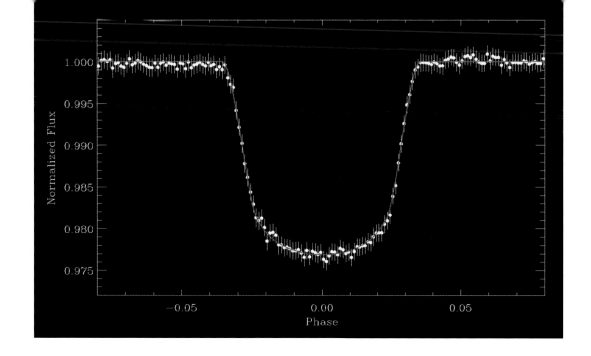

跟太阳系的情况截然不同了。

　　1995年，瑞士天文学家迈耶（Michel Mayer）和奎罗兹（Didier Queloz）运用法国上普罗旺斯天文台的一台普通的望远镜，发现了首个类似于太阳系的行星系统。因为他们开发出了一种高精度设备，专门监测恒星位置是否有极轻微的来回摇摆。若恒星拥有行星，则行星的公转也会通过万有引力去牵引恒星。

　　但要想发现距离我们更远的系外行星，这个方法就不够了，而是要依靠对恒星亮度变化的监测：当行星正好从恒星前面经过时，恒星的亮度就会在短时间内小幅下降。不过，由于大气扰动造成的恒星亮度变化已经足以掩盖这种变化，这项监测很难利用地面上的望远镜完成。好在法国于2006年发射的 CoRoT 和 NASA 于2009年发射的"开普勒"这两架太空望远镜在一片旷然的大气层外把这项任务完成得十分出色。

　　还有些系外行星可以通过某些恒星突然发生的增亮事件来发现。当从地球看去，某一颗恒星几乎正好经过另一颗恒星前面时（译者注：注意恒星其实也是运动的），出于"引力透镜效应"，较远的那颗星就会显得比平时更亮一些。若此时较近的恒星带有多颗行星，而行星与主星的距离又在引力透镜效应的有效半径之内，较远的星的亮度曲线就会出现多次增亮波动。

　　目前已发现500多颗系外行星（译者注：至翻译本书时已发现几千颗），其中大部分是像木星那样的气态巨行星，而且都离主星出奇地近，备受主星炙烤。不过，客观地来分析，这种行星不应该是系外行星界的主流，只不过是它们由于公转周期短，质量大，引起主星的亮度变化和位置偏移也更加频繁、明显，更容易被科学家监测到罢了。

【上图】CoRoT 卫星通过监测一颗恒星的周期性短暂变暗，间接地证实了它拥有至少一颗行星。此图显示了该恒星的亮度变化曲线，在行星从它面前经过时，其亮度仅减弱约2%，该现象每36个小时就会发生一次。由此推知，这颗行星的直径约为木星的1.8倍，并且离主星很近，因此必然很热。

【右侧上下两小图】如果一远一近两颗恒星在我们的视线方向上几乎正好重叠，而且较近的那颗拥有行星的话，就可能引发一连串的"引力透镜"事件，令较远的那颗星的光芒数次更多地到达我们这里，造成多个亮度峰值。上图中箭头所指的恒星就在下图中发生了这种现象。

我们的星系，其他的星系

伽利略通过他的望远镜发现，银河是由许多暗弱、密集但彼此明显独立的小星星组成的。但是，银河真的只是由恒星组成的一条薄薄的带子吗？率先正确回答这个问题的是英格兰天文学家怀特（Thomas Wright，1711—1786）。他在《关于宇宙的一个原创理论或曰新假说》一书（1750年）中这样描述银河："我们同样身处银河之中。那条看似扁平的星带，只是从我们的位置看出去时的几何效果而已。"后来，哲学家康德（1724—1804）在报纸上读到了介绍怀特的理论的文章，受到启发，写出了那本更为著名的书《宇宙发展史概论》。

1784年，天文学家赫歇尔通过对银河各个区域内的恒星进行计数并汇总，绘出了银河系的剖面图。在他的这个银河系模型中，太阳离银河系中心是比较近的。这一局限性源于他并不知道恒星之间会有不发光的尘埃云吸收光线，这减少了他能看到的恒星数目。这正如当你置身于浓雾中的人群里时，就会觉得自己所在的位置更接近人群的中心点。

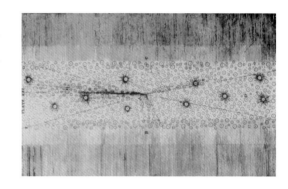

【右图】1750年，怀特的这幅插图仅用几根连线就解释清了这个问题：我们为何会把自己本也置身其中的一厚层恒星看成环绕着天空的一圈薄薄的星带。

【右图】1785年赫歇尔对银河系的恒星做了分段计数，然后根据计数结果绘制了这张剖面图。此图证明怀特的理论基本正确。但是，图右侧的分叉在今天看来是他受星际尘埃的消光作用影响而做的误判。图中心稍偏左处的黑点，代表着赫歇尔心目中太阳系所在的位置。

赫歇尔的这项工作及其思路被荷兰天文学家卡普泰因（Jacobus Kapteyn，1851—1922）继承并发扬光大。他总结出，银河系这个由恒星组成的厚圆盘直径约为 6 万光年，厚度则达到 1 万光年。银河系的庞大，至此渐为人知。

美国天文学家沙普利（Harlow Shapley，1885—1972）也研究这个问题，但他独辟蹊径地选择了"球状星团"的分布状况作为切入点。他注意到，虽然球状星团分布广泛，有不少都出现在银河盘面两侧很远的地方，但大多数还是集中在人马座那一个方向。基于这种情况，他于 1921 年提出假说，即球状星团是以人马座方向上的某个位置为中心，散布在银河系各处的，而太阳必定不处于银河系中心附近。由于在这些球状星团内经常能发现一些变星（译者注：即亮度经常改变的星），沙普利还发明了一种利用这类变星的特点来估算球状星团距离的方法，由此推算出银河系的直径应该大约有 30 万光年。这一数值虽未十分精确，但已接近了当今对银河系的认识。

【左图】怀特认为宇宙中有许多像银河系这样的恒星系统。这已经接近了我们今天的"星系"概念。当然，星系之间的空旷区域其实是很大的，怀特低估了这种距离。

【下图】在欧洲南方天文台看到的银河。不发光的星际尘埃带仿佛沿着银河的长度方向把它劈开了一样。地平线上，明月初升，其上方还出现了"黄道光"（由地球轨道平面上分布的一些尘埃反射阳光而形成）。照片右侧低空中的两块白斑分别是大小"麦哲伦星云"，它们其实是邻近银河系的另外两个星系。

在怀特的那个年代，人们已经发现天空中还散布着许多暗弱的云气状天体。怀特将他的银河系图景扩展到了这些星云上。他写道："这许多仅能勉强可见的云雾，虽必远在我们的繁星领地之外，令我们无法辨认其中之星体和结构，但亦应如我们银河一般，若置身其内当可见璀璨星海，并有与我们相似的造化万物。可惜，我们的望远镜对如此远处力不能及。"这就是说，这些"星云"并非普通的云气，而是与银河系同类的、由众多恒星组成的巨大结构，只不过非常遥远而已。1755 年，康德为这一理念引入了一个至今仍赫赫有名的术语——"宇宙岛"。

仙女座大星云（M31）即是这种"宇宙岛"的典型代表之一。1917 年，美国天文学家柯蒂斯（Heber Curtis，1872—1942）在 M31 中发现了一颗突然变亮的"新星"，是为"仙女座 S"。通过检查过往的 M31 照片，他又发现了此前多次类似的新星事件，但这种新星的亮度远不如我们银河系中的同类新星。由此，他推算出 M31 的距离是我们星系中那些新星的约一百倍，这也就说明 M31 正是一个康德所说的"宇宙岛"。但是，他的同行、前文提到的沙普利先生并不这么想。1920 年，这两位天文学家在华盛顿的史密松博物馆（Smithsonian Museum）就"银河与诸多星云的位置关系问题"展开了一场著名的辩论，史称"沙普利 – 柯蒂斯大辩论"。现在通常认为柯蒂斯在那次辩论中占了上风，但他也没能很好地解答所有疑问，从而仍令学界怀有困惑。不过，这次辩论毕竟在客观上明确了需要继续探索的几个关键问题，也为后来哈勃（Edwin Hubble，1889—1953）的成就奠定了基础。哈勃使用的是威尔逊山天文台的 100 英寸（合 2.54 米）口径的巨镜，足以将一些较近的"星云"分解为彼此独立的恒星。在这些"星云"中，还发现了一些"造父型变星"。由于银河系内也有这种特殊类型的变星，所以只要假定这类变星

【上图】M 31 的盘面斜对着我们，这是一个漩涡状的星系，与银河系的形状很类似。"雨燕号"（Swift）卫星的这张紫外波段照片，令这个星系的旋臂中那些高温的年轻恒星更加醒目。

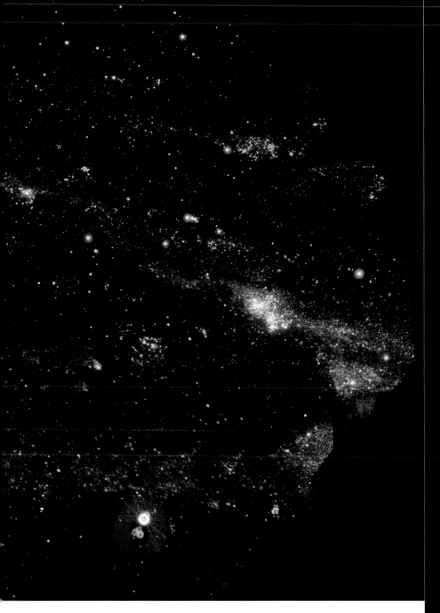

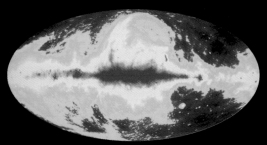

银河系的无线电波

在第二次世界大战期间，荷兰被纳粹占领，其国民生活被猜忌的氛围、物资短缺、宵禁、集会禁令和其他各种不便所笼罩（即便这样讲或许还是说轻了），荷兰的天文学家们自然也失去了在夜间使用望远镜的权利。于是，该国的天体物理学家奥尔特小心谨慎地召集起了一个"荷兰天文俱乐部"，开会探讨那些可以在家中仅凭纸、笔和头脑来研究的理论问题。在一次会议上，他给自己的学生范德豪斯特（Hendrik van de Hulst，1918—2000）布置了这样一个问题：遍布银河系中的星际氢是否能发出足够强度的无线电波，以使我们侦测到它们？

范德豪斯特发现氢原子会以 21 厘米的波长发射无线电波。对游离在星际空间中的单个氢原子来讲，这种发射是极为罕见的事件，大约每 1 000 万年才发生一次。但是，无比巨大的氢原子总数又让这一现象显得十分平常。大战结束后，21 厘米波长的氢射电信号于 1951 年同时被多组科学家侦测到了——其中有美国哈佛大学的射电天文学家艾文（Harold Ewen，1922—　）和普塞尔（Edward Purcell，1912—1997），也有荷兰的穆勒（Alexander Muller，1923—2004）和奥尔特，还有澳大利亚射电天文学家克里斯蒂安森（Wilbur Christiansen，1913—2007）和欣德曼（Jim Hindman）。

的性质在哪个星系里都一致，就可以推算出那些"星云"的大致距离了。于是，人们渐渐相信了远在银河系之外存在着无数个"宇宙岛"。

由于星际尘埃的消光作用，我们很难在可见光波段把银河系的面貌看全，不过，在射电波段并不存在这个困难。在 20 世纪 50 年代，通过分析星际氢所发射的无线电波，射电天文学家们已经描绘出了银河系的整体图景：这是一个漩涡状的星系，太阳系距星系中心尚有25 000 光年。

【上图】这是整个天球的射电强度分布图，红色代表信号最强，蓝紫色代表最弱。银河系的盘面沿着图的中心线横贯左右。图中，由中心向顶部伸出的大弧形带被叫作"北银极尖刺"（North Polar Spur），它是很久以前离我们不远处的一次超新星爆发留下的。

26

星系组成的宇宙

有少数几个星系可以直接用肉眼在夜空中看到。这方面最早的记录之一来自中世纪的天文学家阿尔苏菲：他于公元 964 年在其著作《恒星之书》里写道，仙女座天区内有一块"小小的云"。其实这就是今天说的 M 31，这个星系的结构与银河系类似。而离银河系最近的两个星系则是"大麦哲伦星云"和"小麦哲伦星云"，它们的规模都比银河系小，属于银河系的"伴系"。

上述 4 个星系都是"本星系团"（Local Group）的成员。本星系团共有 40 余个成员星系，分布在距离我们约 500 万光年的范围之内。而这个星系团又是一个更大的星系系统的一部分，后者包括近 2 000 个星系，其几何中心在我们的位置上看来处于室女座的方向，距我们约 6 000 万光年。法国天文学家梅西耶（Charles Messier, 1730—1817）于 1774 年首版、经过几次修订后于 1784 年定版的著名的云雾状天体目录包含着一百零几个天体，其中虽然星系、星云、星团混杂，但已囊括了地球上看起来最亮的 13 个星系。后来，爱尔兰天文学家德雷耶（John Louis Dreyer, 1852—1926）于 1888 年出版了一份深空天体目录，该目录是在赫歇尔父子（父亲威廉，1738—1822；儿子约翰，1792—1871）的巡天观测数据的基础上编订的，规模更为庞大，收录星云雾状的目标近 8 000 个，其中大多数都是遥远的星系。

【上图】威廉·帕森斯是第三代罗斯（Rosse）伯爵，他于 1845 年建起了当时世界上最大的望远镜（参见第 66 页），并带领自己的团队用这架望远镜发现了许多星系的螺旋状结构。

【右图】宏伟的螺旋星系 M 51，昵称为"漩涡星系"（Whirlpool Galaxy）。其稍小的伴系 NGC 5195 正好重叠在其一条旋臂的末端。

【右图内小插图】威廉·帕森斯在 1845 年 4 月为望远镜中的 M 51 画下的素描。完成这幅画用了他好几周的时间。M 51 的这幅"肖像"不仅令其得到了"漩涡"这个昵称，也富于代表性地揭示了"螺旋星系"这个星系类别的旋臂结构特点。虽然比哈勃太空望远镜拍摄的照片早了 150 年，但这幅素描的精确程度看起来并不逊色。

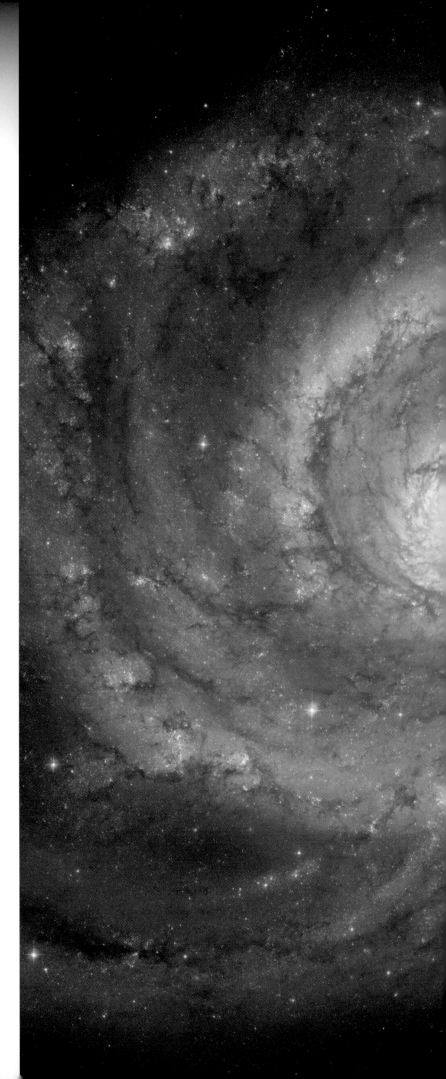

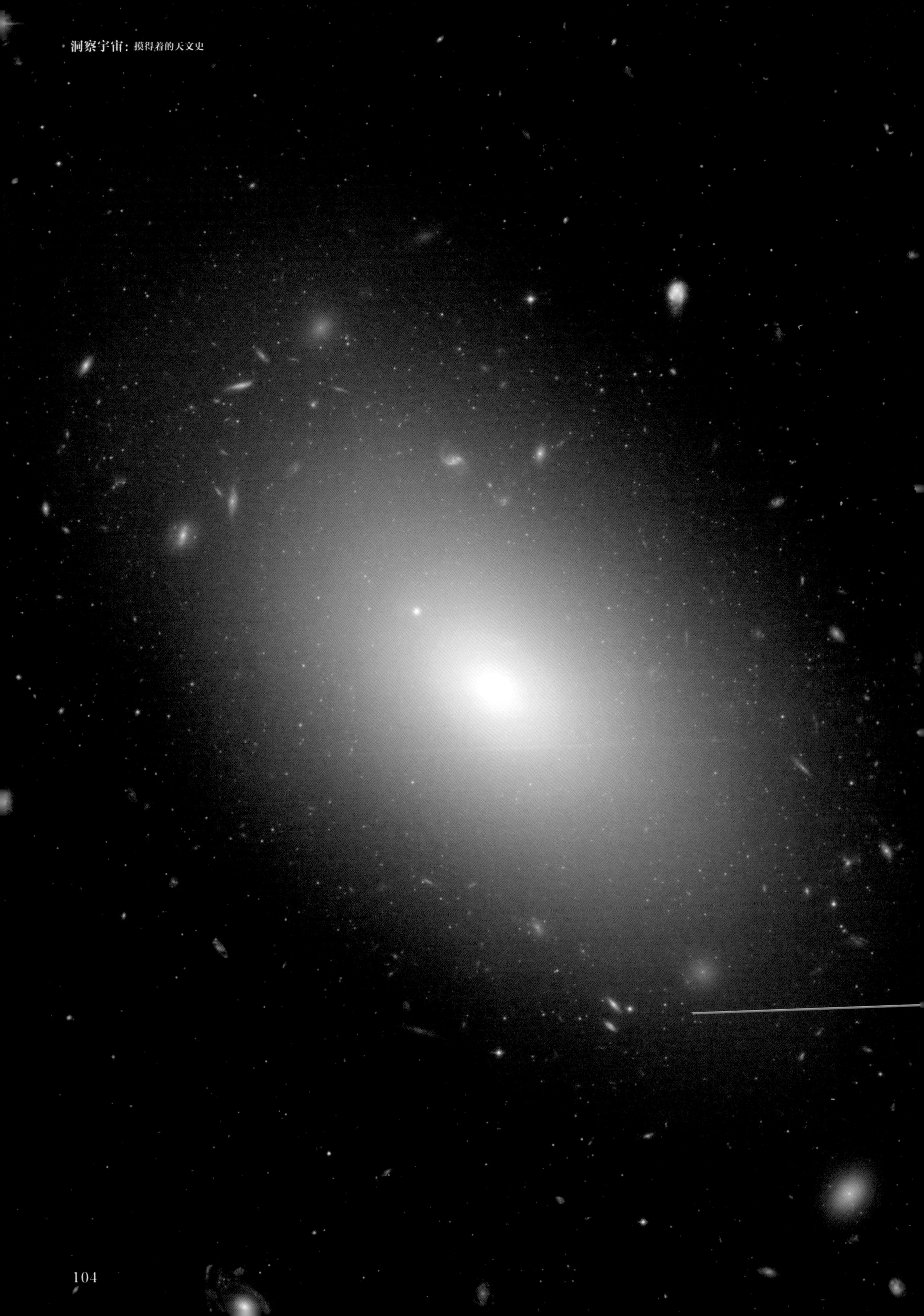

在两个世纪的时间里，那些较近、较亮的星系都是星系研究的主要对象，也是人类心目中大尺度宇宙图景的基本成分。在小望远镜中，这些星系都是一些形状显得飘忽不定的云雾状光斑，但巨型望远镜的出现让人们开始掌握它们的具体形态。巨型望远镜的最早代表就是帕森斯（William Parsons，1800—1867）在爱尔兰帕森斯顿的毕尔（Birr）堡建立的"利维坦"。这一宏伟工程作为重大建筑项目，在当时爱尔兰遭受"土豆饥荒"的背景下，其实也具有刺激经济、减轻贫困的作用（译者注：当时爱尔兰处在英国统治下，作为其居民重要口粮作物的土豆因遭受病害，近乎绝收，造成持续几年的饥荒，饿毙逾百万人）。拿今天的话讲，这颇有凯恩斯经济学的特点。"利维坦"在建成之后的半个多世纪内，都是世界上第一大的望远镜。

帕森斯及其助手们于1845年借助这台望远镜绘出了"漩涡星系"M 51的旋臂结构图，此后又为多个星系描绘了图样。当这类星系的清晰案例积累得足够多之后，人们开始确信它们都是圆盘状的，以各种随机的角度对着地球，因此绝大多数看上去都呈椭圆形轮廓。而其螺旋形的内部结构，暗示着这种星系一直在自转。后来，照相术诞生了，一批研究者也逐渐将这种技术运用到天文领域之中，以提升其测量精度，其中堪为先驱和代表的有威尔士裔工程师、业余天文学家罗伯茨（Isaac

Roberts，1829—1904），还有美国医生、业余天文学家德雷伯（Henry Draper，1837—1882）。照片，让人们对星系的观测变得更容易也更准确了。例如，罗伯茨在1884年拍摄的M 31照片清楚地展示了其各条旋臂，以及它斜对着我们的姿态。而若是那些在我们看来盘面对得更正的星系，在照片上能展现的细部结构就更加丰富了。科学家们看到，有些星系的旋臂并非起始于中心点，而是起始于其中心部位一个棒状结构的两端，整体形态同样很自然——这就是当今所说的另一个星系类别"棒旋星系"。自不待言的是，这些美丽的螺旋形星系强烈地吸引着人们的注意，其高度对称的结构不仅令人叹服于造化神工，也让人不禁一次次对其拍摄新的照片。

其实，这些星系当时赢得人类青眼有加，并不仅是因为它们的外形美，人们热衷于它们和"星云假说"之间的关系也是重要原因之一。以瑞典科学家史威登堡、普鲁士哲学家康德和法国数学家拉普拉斯为代表的这一假说是关于太阳和太阳系的起源的，而螺旋星系的外形难免让人猜测"这就是'星云'的原始样板"。但是，当人们渐渐弄清了这些星系的距离和它们自身的大小之后，这一猜测就消散了："星系"这种宏大的恒星系统，其直径与太阳系这种行星系统根本不在同一个级别上。更何况，其他的观测事实说明，还有许多（可能比螺旋星系更多）的星系根本就没有旋臂结构：虽然单就轮廓的形状而言，它们与许多螺旋星系类似，也是椭圆的，但这种椭圆形更能代表其在三维空间中的真实形状——椭球。这类星系中，既有像美式橄榄球那样的长椭球，也有像橘子那样的扁椭球，还有形状介于前二者之间的"三

【上图】"哈勃超深空"（参见第106页）拍出的这张照片展示了位于极远处（因而也是很久以前）的一大堆缤纷多彩的星系。与当今的星系相比，它们通常更小，形状相对来说也不那么规则，这是因为它们还没有足够的时间彼此吞噬、合并，于是来不及形成像银河系这样大的规模，也来不及让引力作用把自身结构弄得规范一点。

【左图】大质量星系NGC 1132是由许多小星系合并而成的，每个小星系又都含有很多球状星团。在NGC 1132的边缘，仍能看出这些球状星团的存在。图片的背景中是许多更为遥远的星系。

轴椭球"。所以，不论它们以什么角度对着我们，都会呈现椭圆形的轮廓，只不过有些显得稍微尖一点儿，更多的则看起来接近正圆形。

美国天文学家哈勃于1926年为这些让人眼花缭乱的星系形状制定了一个分类体系，在螺旋星系和椭圆星系这两个类型之间区分出了好几个亚型。当然，还有一部分星系无法与这个体系中的任何一个亚型对应，于是被归入一个杂类——"不规则星系"。在不规则星系的家族中，经常能见到两个星系因移动得彼此太近而互相牵拉成员星，形成流状的星带，破坏彼此形状的情况。

明亮的星系通常都属于螺旋星系或椭圆星系，而大多数星系都比较暗，也比较小，可以统称为"矮星系"。近些年来，几乎每天都有新的矮星系独立个体被发现，人们也逐渐意识到矮星系具有巨大的研究价值。矮星系们通常绕着那些更大的星系运转，很像卫星们绕着行星运转的那种模式。我们的银河系也有好几个"伴系"，其中一个位于人马座，已经因为离银河系太近而受到银河系的引力牵拉并发生了

变形，其成员星正不断被吸进银河系之内。

在极端的情况下，两个星系发生碰撞后会融合成一个。实际上，这正是被当今的天文学家们所认可的一种形成大型椭圆星系的方式：螺旋星系碰撞后就会失去其原有的旋臂结构，它所含的星际气体受到搅动，会影响成员恒星的位置。这种影响与其说是渐进的推动，不如说是猛烈的震动。当经过充分长的时间后，朝着各种方向漂移的恒星就会形成椭圆星系。显然，椭圆星系的成员星不会太年轻。

由于观测技术水平不够，在超过半个世纪的时间里，哈勃关于星系形成的理论一直缺乏更好的事实证据。直到以他名字命名的太空望远镜开始工作，人们才依靠这架望远镜强大的集光能力解决了这个问题。到这个时期，望远镜在使用权分配方面已经有了革新，那就是望远镜的负责人有权力按照自己的意愿在特定时间段内自由决定观测任务的内容。哈勃太空望远镜的负责人、太空望远镜科学研究院院长威廉姆斯（Robert Williams）就在1995年动用这个权限，下令将望远镜对准一块几乎没有任何已知天体的"空旷"天区，连续曝光达10天之久，尽可能地去记录这个区域内最为暗弱的遥远星系。按照"越暗即越远，越远即越早"的理念，这等于是给该区域的远古样貌照了个相，其成果就是现已声名大噪的"哈勃深空"图像。该图中包含的银河系内恒星仅十余颗，均位于银河系边缘，但包含的星系达到约3 000个，距离最远的有100亿光年。由于其光线到达地球已经耗费了100亿年时间，所以这幅景象其实仅属于宇宙诞生后几十亿年的时候。由于"哈勃深空"的数据及其相关解释显示出极强的意义，所以这一观测方式又在2003年以更先进的相机、更长的曝光时间使用了一次，得到的成果称为"哈勃超深空"图像，记录了约10 000个星系，最远者达到130亿光年。

图像中，许多远离我们的星系规模都更小，其中椭圆星系所占的比例也比我们当今所见的附近的宇宙中要低。另外，在众多遥远的螺旋星系中，旋臂结构被扰动乃至整体形状不规则的情况也很多见，这说明它们很难长期稳定在螺旋结构的阶段，而且若是彼此过于接近就会趋于相互缠结，以至形状凌乱。所以说，当今的星系形态，不论是大的螺旋星系还是大的椭圆星系，都是"哈勃超深空"中那种早期的年轻小星系经历了极为漫长的自然演化而形成的。

【左图】美国天文学家哈勃穿着用于抵御夜晚寒风的工作套装，正在用威尔逊山的100英寸巨镜进行观测。他使用处于他头顶上方的圆形拨盘来微调望远镜的位置，以保证望远镜在整个照相曝光的过程中始终能准确地把成像焦点投射在底片上。

【下图】哈勃的"音叉图"是对星系形态演化进行理论归纳的尝试之一。

【右图】大麦哲伦星云是个物质相当贫乏的星系，但从中还是能辨识出棒旋星系的结构特点。这张照片中，从左下到右上方斜置的是它较明显的中央棒状结构，左（右）端则向上（下）延伸出极为稀薄的旋臂，并伴有粉色的云气。

哈勃的"音叉图"

哈勃按逻辑顺序将星系的各类形态归纳在一张分叉形的示意图上，也就是著名的"音叉图"。这幅图把星系分为两个大类，即椭圆的和有旋臂的。哈勃把椭圆星系按照从近似圆形（球形）到明显扁长的顺序进行排列，又把螺旋形和棒旋形的星系各自按照旋臂从紧到松的顺序排列。我们的银河系到底属于图中的哪个位置，让学界争议了很长时间，但如今科学家们已经取得共识：银河系是个体积较大的棒旋星系。往人马座方向看去，银河又亮又厚的区域就是其中心星棒，而太阳系处在一个斜对着中心星棒的位置。

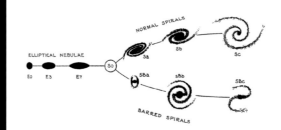

麦哲伦星云

阿尔苏非曾经记载过一个叫作 Al Bakr（意为"白色公牛"）的天体，但这个天体的位置靠近南天极，所以在比较靠北的各个阿拉伯国家都是升不出地平线的，只有向南驶出红海，进入印度洋才有可能观测到它。在南天星空中，其实有两个天体都符合阿尔苏非的描述，它们样子相似，但一大一小，看上去仿佛从银河里分裂出来的两块碎片。欧洲人首次发现这两个天体是在他们早期向南半球航海的时候：

1516 年，在梅迪奇家族支持下，意大利航海家兼情报员科萨里（Andrea Corsali, 1487—? ）肩负着寻求商务渠道的使命，乘坐一艘双桅船进行了一次从葡萄牙前往印度的秘密旅行。途中，他在一幅星图中画下了南十字座和这两个云雾状的天体，称它们为"有一定面积的云状物"。此后不久，这两个天体又与率领船队进行历史上首次环球航行的葡萄牙船长麦哲伦（1480—1521）联系在了一起。麦哲伦的许多船员都见到了这两个天体，并将其写进航海日志。可惜的是，麦哲伦本人未能活着回到欧洲亲述这一切，他于航程的后半段在菲律宾遇害。如今，这两个天体分别被称为大小麦哲伦星云。

27

星暴星系与类星体

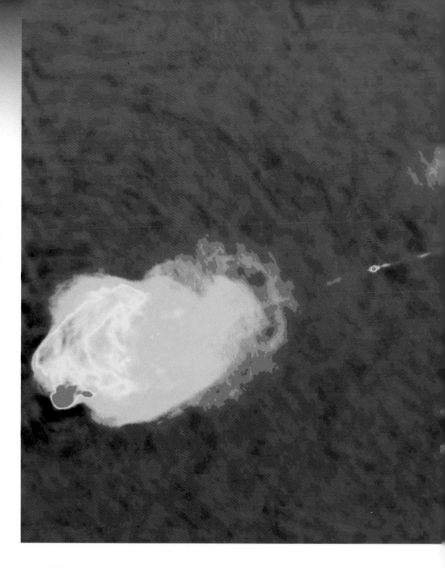

射电星系为何能释放出如此巨大的能量？1951年，剑桥的射电天文学家史密斯（Francis Graham Smith, 1923— ）精确测定了天鹅座天区内最强的射电源（叫作"天鹅座A"）的位置。随后，美国加州理工学院的天文学家巴德（Walter Baade, 1893—1960）使用帕洛玛山上的200英寸巨型望远镜在该位置上发现了一个非比寻常的星系。这个星系的外形令人困惑：很多人说它像两个正在碰撞的星系，但其实这对于解释其能量来源并没有什么帮助。

突破口在1962年打开：一个名叫3C273的射电源在这一年被证实为一个距离极远的星系，这种星系随即得到了一个新的术语专称——"类星体"（quasars），这个术语是从"看上去类似恒星的射电源"一语缩略而来的。类星体那令人不可思议的远距离、高亮度和小体积，使得解释其能量来源的任务显得更紧迫了。

答案是：能量来自位于星系中央、不断吸收气体物质的大质量黑洞。由于释放的能量太多，部分气体被推到了周边甚或被抛射出去。

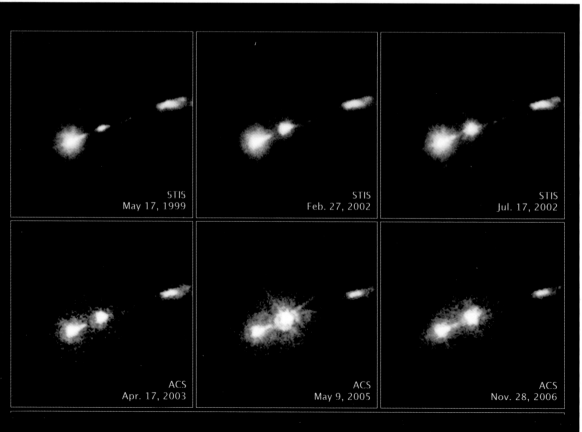

【**上图**】来自"甚大阵"射电望远镜（VLT）的这幅假彩色照片拍摄的是正在爆发的星系"天鹅座A"，照片的信号取自无线电波段，红色代表信号强，蓝色代表弱。这个星系的中央有个黑洞，对应地，从那里延伸出的两道物质流正在猛烈地冲击和搅动着周围的星际气体。

【**左图**】哈勃太空望远镜拍摄的这6张图片时间跨度为7年，记录了与星系M 87中央的黑洞处连接的气体流。这些气体冲入高温气团时会闪光。

【**右图**】"钱德拉"X射线太空望远镜为遥远的星系兼类星体3C273拍摄的X射线波段照片。可以看到其喷流从黑洞处延伸到很远。

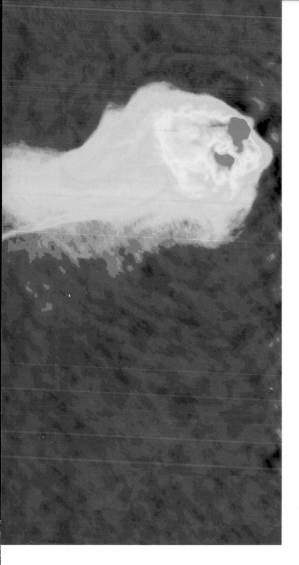

很多类星体都有高速的物质喷流，比如 3C273 那纤细的喷流就固定在黑洞自转轴的方向上，在黑洞两侧形成了急速旋转的、致密的"帽子"。通过现代化的射电望远镜观测，这一点在"天鹅座 A"那里得到了证实。

气体也以惊人的速度绕着类星体旋转，它们势必会与某些质量大得出奇的东西越来越接近。1994 年，由约翰·霍普金斯大学天文学家福特（Holland Ford）领衔的团队利用哈勃太空望远镜发现，星系 M 87 中的类星体质量可达太阳的 20 亿至 30 亿倍。

最近的一项发现确凿地证明了这些大质量的东西就是黑洞。1995 至 1999 年，剑桥的天文学家法比安（Andy Fabian）使用日本的 X 射线太空望远镜"Asca"识别出了一个编号为 MCG-6-30-15 的星系的一些光谱特征。至于这些特征的成因，只能用由黑洞的巨大引力产生的相对论效应来解释，别无他法。这不愧是关于"黑洞确实存在"的一个强有力的证据。

3C273：一个远得难以想象的星系

目录编号为 3C273 的这个著名天体位于黄道带内，也就是太阳和月亮在天球背景上都会经过的那个区域。这个天体能发出强烈的无线电信号。1962 年，英裔澳大利亚射电天文学家哈扎德（Cyril Hazard）使用在澳大利亚新建的帕克斯（Parkes）射电望远镜，挑选了 3C273 正好被月亮挡住的几次机会，对其信号做了监测。由于目标被掩，他是通过月面轮廓的坐标数值来确定目标的准确位置的。

在光学波段内，3C273 的位置上有一个看起来很像恒星的天体，且伴有纤弱的物质流。加州理工学院的天文学家施米特（Maarten Schmidt，1929— ）研究了这个"恒星"，结果发现其光谱相当怪异，乃至找不到相似的先例。而最后找到的解答更令他震惊：光谱中的某些发射线其实就是很常见的、早已被熟悉的氢发射线，但当初之所以没认出来，是因为这些谱线都已被强烈的红移效应拉拽到了远离"正常位置"的地方——3C273 绝非银河系内的一颗恒星，而是极远处的一个星系，它正随着宇宙的膨胀，迅速地逃离我们。

28

膨胀的宇宙

20 世纪的最初十年，洛韦尔天文台的天文学家斯利弗（Vesto Slipher，1875—1969）忙着从事一项计划，即探究"螺旋状的星云"的构成——因为当时人们尚不清楚这种天体是否位于银河系之外。而作为这项计划的一个副产品，他于 1912 年测量了"仙女座大星云"M 31 的运动速度，结果得到了一个高得空前的数值。他又接着测量了十余个螺旋状天体的速度，发现它们几乎都正在远离我们而去。

在威尔逊山天文台工作的哈勃与同事修梅森（Milton Humason，1891—1972）合作进行了类似项目的测量，扩充了斯利弗的结果清单。1929 年，哈勃论证出了这样一个正比关系：星系的距离，与它们的退行速度（或曰红移程度，参见第 63 页）成正比。这一对应关系就是今天所说的"哈勃定律"。相关论文刚一发表就引起了学界关注，因为此前不久，比利时数学家勒梅特（Abbe Georges Lemaitre，1894—1966）刚刚为爱因斯坦广义相对论中描述宇宙结构的方程找到了一个新解，从而推断宇宙应该正在膨胀。假如你身处一个均匀膨胀的空间之内，那么该空间中其他各点远离你的速度就取决于它们和你的距离。总之，是观测事实和理论推导共同支撑起了当今的宇宙膨胀论。

【左图】1904 年，美国加州威尔逊山太阳天文台的建设过程中，口径 60 英寸的"海尔"（Hale）望远镜主镜筒架构正在驴车的牵引下沿着圣加布里埃尔山的盘山小道被运往台址。

【远端左图】1972 年，赖尔爵士（右）与后来成为皇家学会主席的霍奇金（Alan Hodgkin）爵士在英格兰剑桥的 5 千米射电望远镜的某一架天线前合影。

后来，如同为施米特的研究成果做佐证一般，又有许多太空射电源被证实为遥远的星系。1951 年，剑桥的射电天文学家们在赖尔（Martin Ryle，1918—1984）爵士的率领下，证实了一个现象：与较亮的射电星系相比，较暗的射电星系彼此靠得更紧密。这一成就后来使赖尔与别人分享了 1974 年的诺贝尔物理学奖，也令宇宙膨胀的事实更加清晰。这里具体解释一下他的成果：由于必然可以认为较暗的星系比较亮的星系离我们更远，其被我们侦测到的无线电波也必然是更早发出的，这也就表示较早期的宇宙空间比当今更为拥挤，宇宙从诞生起一直在膨胀。如今的星系，彼此之间的距离平均说来比过去更远了。

勒梅特的计算显示，在膨胀之初，宇宙应该是一个极小、极高温、极致密的"原子"，这就是今天所说的"大爆炸"理论的起源。这也等于是说，宇宙之初，一切都很热，所有的物质和能量都混合在极端高温之中。如今宇宙中的各个星系，都是物质降温和分散后形成的。哈勃的定律，作为这个理论的主要观测事实，对于明确宇宙的发展趋势起着关键作用。"哈勃太空望远镜"的命名，也是为了表彰哈勃的功绩。通过哈勃太空望远镜的观测，我们确知了宇宙的年龄——膨胀起始于 138 亿年之前。

因为这么多年来宇宙的膨胀过程一直持续，所以其中的电磁波的波长也一直在被拉长，频率随之降低，使得辐射本身也越来越"冷"。1948 年，美国物理学家伽莫夫（George Gamow，1904—1968）、阿尔弗（Ralph Alpher，1921—2007）和赫尔曼（Robert Herman，1914—1997）推算出这些辐射当今的温度已经降至仅比绝对零度（开氏温度零度）高 5 至 28 度，其波长对应着广播电视技术中的"微波"波段，也可以说已经变成一种超短波的广播，或者说"波长极长的红外光"。

这种射电波就是我们经常听说的"微波背景辐射"。在现实中，它于 1965 年被发现，是位于美国新泽西州的贝尔电话实验室的彭齐亚斯（Arno Penzias，1933— ）和威尔逊（Robert Wilson，1936— ）在某项研究中的意外收获：他俩建造了一架各项性能在当时条件下已经尽可能优异的天线，结果发现天线收到的信号里总有一种微弱的背景噪声，无论怎样调试、改进，这种噪声都无法消除。最后，他们只能认定这种噪声是宇宙中固有的，其对应的温值为开氏温度 2.75 度。科学界很快就断定这种微波辐射确实来自宇宙的深处。彭齐亚斯和威尔逊也因此荣膺 1978 年的诺贝尔物理学奖。

【上图】彭齐亚斯和威尔逊站在巨大的号筒型天线那可以旋转的底部平台上。他俩就是用这架位于新泽西州汉姆戴尔（Holmdel）的射电望远镜发现了"微波背景辐射"。

米尔顿·修梅森

在天文台工作，是件看上去很"酷"的事，更别说从小就在天文台工作了。米尔顿·修梅森 14 岁离开学校后，就在威尔逊山天文台的建设过程中当起了赶驴的车夫，帮着往山顶运送物资。天文台竣工后，他曾经转去一个牧场打工，但很快于 1918 年回到台里，成为一名工勤人员。当时的台长海尔（George Ellery Hale，1868—1938）很赏识修梅森的才能和品德，将他调进了科研班组，成为 100 英寸望远镜的操作员之一。不久，修梅森又担任了哈勃的研究助手。使修梅森出名的不仅有他精湛的望远镜操作技能，还有他在为哈勃拍摄变星照片时的敬业精神：他坚守着望远镜圆顶室内的几个关键部位，以便随时修正偶然发生的机械误差，保证最佳的成像质量。

【左图】修梅森几乎一生都在威尔逊山天文台工作。他从车夫、工勤人员做起，最终也成了天文学家。

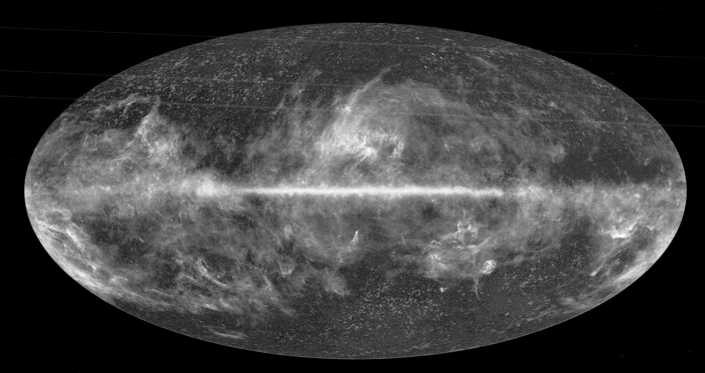

各向异性

[上图]普朗克太空望远镜于 2010 年制作出史上首张覆盖整个天球的"微波背景辐射（CMB）图"，银河也被叠加在图中。银河盘面附近蓝色的丝网状图形代表诸多前景天体，而 CMB 更多地显露在靠近图片上下两端的区域，其中红点和蓝点分别表示更强和更弱的 CMB 信号。这种信号的分布有轻度的不均匀，代表着大爆炸时各个方向上的物质的不均匀性，这种情况已经日益引起天文学家们的兴趣。

宇宙中的微波背景辐射来自各个方向，其强度和性质也基本一致，换言之，假如允许粗略地讲，它可以算是"各向同性"的。但这并非绝对。由于大爆炸发生时，物质虽被抛向各方但其密度并不完全一致，今天的宇宙中才有了这么多的星系、恒星与行星，包括你和我。NASA 的人造卫星 COBE（意为"宇宙背景辐射探测器"）于 1989 年测量了微波背景辐射的这种微弱的"各向异性"，确定了其差异程度仅存在于十万分之一的波动水平上。该项目的负责人马瑟（John Mather）和斯穆特（George Smoot）也因这一成就获得了

2006 年的诺贝尔奖。2003 年，NASA 发射的后续探测器 WMAP（意为"威尔金森微波各向异性探测器"）对微波背景做了更精确的测量，而于 2009 年升空入轨的欧空局"普朗克"（Planck）探测器则有望绘出最精确的微波背景不均匀性分布图。科学界之所以如此热衷于这种不均匀性，是因为它能给关于宇宙起源、结构和未来趋势的研究提供极佳的线索。在目前数据的基础上，暂时的最佳推论是这样的：微波背景在 138 亿年前那次"大爆炸"后仅 38 万年就出现了，然后宇宙就开始了我们今天看到的这种膨胀。

29

暗物质与暗能量

天文学家也是人，因此也容易只关注那些能够感知得到的东西。在过去的大约一个世纪里，他们也一直认为，构成宇宙的除了由发光恒星组成的众多星系，以及那些发出射电波和其他光波的气体，就只有极为广阔的真空地带了，而后者除了为前几样东西提供容身之处外，别无任何意义。因为所有天体都由原子物质构成，包括人类（因为我们自身也是前辈恒星崩解的产物），而原子又是由中子、质子、电子等许多可以统称为"基本粒子"的东西组成的，所以在过去的一百年里，经典意义上的"物质"一直被视为宇宙的主要成分。

但是，加州理工学院天文学家茨威基（Fritz Zwicky，1898—1974）在 1933 年的一个发现率先为上述想法打开了一道小小的缺口。他发现，那些处于星系团之中的星系移动得太快了，即便把星系团中所有其他星系的质量都加起来，所产生的引力作用也不足以让单个星系拥有那么高的速度。由此，他假定必然还大量存在着一种"被忽略的物质"，也就是"暗物质"。它虽不像恒星那样发出光线或其他辐射，但仍具有质量，正是其引力对抗了众多星系的引力，才把星系的运动速度加到那么快，而且长久以来持续地作用着。

如此激进的假说在当时自然没有得到太多的响应，但到了 20 世纪 70 年代，鲁宾（Vera Rubin，1928— ）在星系内部发现的一种类似的现象让茨威基的这个猜测显得可信了：鲁宾观察到，在特定的星系中，恒星散开的速度比理论上预期的要快，仿佛有一种她尚无法辨别的物质正在作为星系内部的附加质量，施加着引力作用。

此前，茨威基已经指出了另一种判定星系总质量的方式，即利用"引力透镜"现象。按照爱因斯坦的广义相对论，星系的质量会扭曲它周围的空间，使得沿着空间传递的光线像进入透镜那样被弯曲，从而将在其背后更远处的星系的像放大。如果从地球上看去，某两个星系的位置正好重叠，则较远的那个星系的像会被扭曲以至分散成几块，总亮度也会增加。"引力透镜"的成像具体是什么样子，还要取决于较近的那个星系（即充当"透镜"的星系）的质量。引力透镜的第一个真实案例于 1979 年被发现，发现者有沃尔什（Dennis Walsh，1933—2005）、韦曼（Ray Weymann）及其

学生卡斯维尔（Bob Carswell）。而一个星系如果能充当"透镜"，其质量必须很大，但这个质量即使将其所有成员恒星的质量加起来也明显不够。目前认为，一种典型的情况是，星系中的"暗物质"提供的额外质量可达其恒星总质量的 5 倍。

既然暗物质的总量这么大，它在宇宙膨胀中发挥的作用也就应该很显著了。若按传统观念推断，由于物质之间、暗物质之间都有引力在制衡，正在逐渐扩散和分离的诸多星系应该表现出一个逐渐变慢的扩散过程。为了弄清真实的宇宙中究竟是否如此，哈勃太空望远镜在 1998 年至 1999 年使用了两个庞大的研究团队（"高红移值超新星研究团队"和"超新星宇宙学计划"）专门研究和比较各个较近星系和各个较远星系之间扩散分离速度的差异。如果宇宙的膨胀速率真的在降低，那么较遥远的宇宙（也就是较早期的宇宙）应该显现出比较近的宇宙更快的膨胀速度才是。

【上图】Abell 1689 是目前已知的星系团中总质量最大、成员星系也最多的之一，拥有几千个成员星系。但图中除了这些，还拍下了比它更远的数千个背景星系。由于距离更远，这些背景星系显得更小，并且大多已经被 Abell 1689 的引力透镜效应给扭曲了。在图片中部，Abell 1689 中的大质量明亮星系已将背景星系的像扭成了圆弧形。利用这样的图片，可以测算星系团中暗物质的数量和分布。

结果，观察到的情况与此完全相反，这令天文学家们十分震惊。如今的宇宙，膨胀得比过去还快。所以，必定有某种东西在给大爆炸后的膨胀过程加速。为了便于称呼，这种未知的东西被命名为"暗能量"，其能量规模极为巨大，充斥在宇宙空间，抵抗着引力，让宇宙膨胀得越来越快。

目前，我们关于暗物质、暗能量的知识为数不多，且基本都来自对宇宙微波背景的研究。微波背景中微弱的不均匀性，缘于大爆炸时的物质分布在不同方向上的一些"涟漪"，正是这些"涟漪"让物质有机会彼此聚集成团块，进而演化出星系。暗物质的引力，让团块聚集周围物料的速度加快，有利于增加团块质量。若没有暗物质，这一进程会变慢许多。但另一方面，暗能量也扮演着立场相反的角色，它使物质向外分散，减缓着团块的形成过程。2005 年，一项名为"千年模拟"的数值模拟计算工程发布了它的成果。该工程运用当今最强有力的超级计算机，通过跟踪和计算多达 100 亿个质点之间的相互作用（每个质点都代表像星系那么大的物质团块），从数学上印证了由 COBE 和 WMAP 得到的微波背景观测结果。天文学界由此得到的结论是：物质仅占宇宙成分的 4%，暗物质占 21%，而暗能量则占了令人吃惊的 75%。在现代宇宙学发展了一个世纪后，天文学家们意识到他们的可怜处境——对宇宙成分的 96% 几乎一无所知。

【上图】室女座星系团的中心部分。

【下图】欧洲核子研究组织（CERN）的"大型强子对撞机"（LHC）有望侦测到并识别出那些有可能属于暗物质成分的粒子。按照鲁宾的发现，暗物质可能大量环绕在星系周围，并且控制了星系中恒星的运动。请注意这张照片的中部有前来进行调试的技术人员，由此可见其粒子侦测单元是多么庞大。

维拉·鲁宾

她幼年时就因目睹了环绕天极旋转的魅力星空而迷上了天文学，后来毕业于美国纽约州的名校瓦萨尔（Vassar）学院。不过，她早期的职业生涯举步维艰，因为那时候许多名牌大学里颇有学术传统的天文类院系都不欢迎女性研究者。好在华盛顿特区的卡耐基学院拥有一个更为宽容的团队，那里接纳了她。她的科研搭档是仪器设备专家福特（Kent Ford，1931— ），此人开发了一种高精度仪器，可以用来观测恒星绕星系的运转。运用这些设备，鲁宾在 20 世纪 70 年代发现：正如星系团中的星系运动速度快得异常那样，星系内部的恒星运转速度也明显"过高"了。

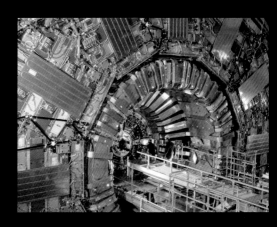

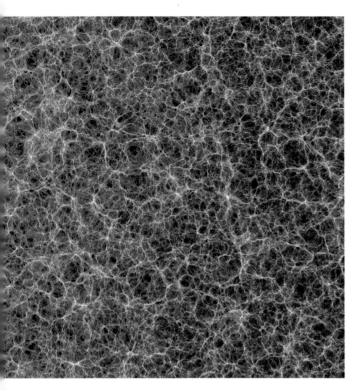

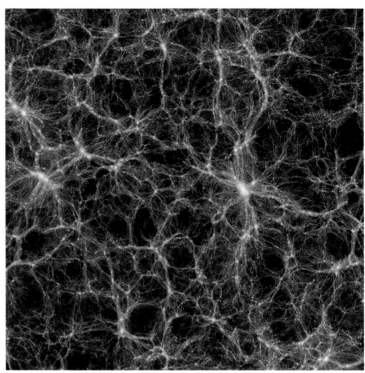

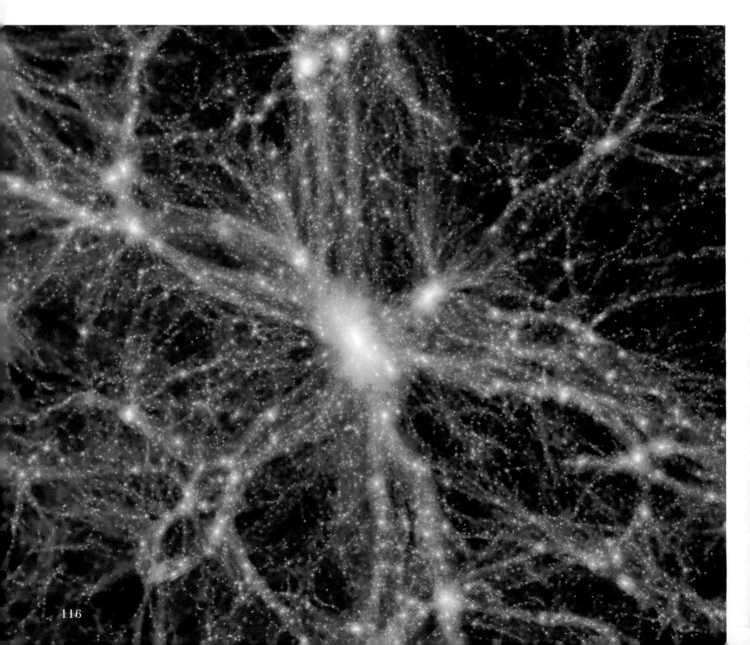

暗物质是个啥

关于暗物质的成分，最早的想法自然不外乎死掉的天体（诸如白矮星、中子星、黑洞）或者惰性气体之类，但这些猜想最后都被证伪了。于是，学者们将目光转向"大爆炸"本身，寻求新的解释。因为既然是"大爆炸"制造了宇宙间的所有物质，那么暗物质粒子也一定诞生于那次剧变，只不过这类粒子暂时还属于未被当今科学探知的类型而已。它们或许无法与已知类型的粒子发生相互作用，又或许它们中的一部分已经通过"大质量弱相互作用粒子"

足够被粒子物理研究使用的加速器制造出来并被侦测到。现已开工的几台更为高能的加速器有可能会具备切实制造和辨认它们的实力，而位于日内瓦、已经建成并于 2008 年开始试运行的"大型强子对撞机"也把寻找这类粒子当成目标之一。

宇宙中的生命

地球之外还有其他的生命吗？我们是孤单的吗？对这个问题的考虑首先是哲学上的——只要生命属于一种自然现象，那么凡是在环境合适的地方就都有可能出现生命。古希腊哲学家伊壁鸠鲁（公元前341—公元前270）写道："宇宙所含世界之众，千千万万以至无穷，其中或有人间再现，又或与世迥然不同：遥兮彼方生长之物，既非鸟兽亦非草木……"而1600年牺牲于罗马的布鲁诺，曾在其1584年的著作《论无限宇宙和多个世界》（De l'infinito universo e mondi）中表达了类似的观点："宇内世界之多，绝难尽数，彼星之居民，规模、能力皆不输我地球。"

这些哲思在一个名叫"太空生物学"的新学科里得到了体现。目前有证据显示，生命所需的主要元素尤其是碳，可以由恒星制造并于宇宙中广泛存在；行星系统也是宇宙中的常见事物，当然，由于条件各异，只有部分行星是宜居的。1953年，天文学家沙普利确定了太阳系空间中的"液态水带"的概念，即允许行星上的水以液态存在并支撑生命活动的范围。但是，只有液态水并不能表示一定有生命（比如木卫二的冰冻表面之下就有液态海洋），NASA在搜寻其他行星上的生命时，依据的是一个叫作"黄金区"（Goldilock Zone）的概念：在这个区域内的行星上，其水温不但能保持液态，还要冷热适中。

那么，如果其他行星上有智慧生物，我们有可能与他们取得联系吗？一百年前，无线电技术的先驱马可尼（Guglielmo Marconi,

【下图】这是银河系中心部分宛如沙滩一样密集的海量恒星。每颗恒星都是某种类型的"太阳"，而且其中大部分应该拥有着自己的行星，这使我们越来越趋于相信：这片星海中的某些位置上，正有一群至少在某些方面与我们类似的家伙生活着。

【右图】2004 年，"火星环球巡游者"探测器在火星的"半人马山"（Centauri Montes）地区内的一个陨击坑内拍到了一处新的地貌特征：一条白色的树枝状痕迹自 1999 年 8 月起，出现在这个陨击坑的内壁上。很明显，这是火星内部的温泉偶然从这个斜坡上喷出并淌下后，泉水中的矿物质就地沉积而产生的。

【右下图】SETI @ home 是个极具公众参与性的科研项目，它调动世界各国人民家中数以千万计的普通个人计算机，合力去对太空无线电杂波进行分析，寻找有意义的信号。任何一台计算机都有可能率先发现地外文明的通信痕迹，任何一个参与者都有机会成为人类历史上第一个通过计算机屏幕见证这一历史时刻的人。

1874—1937）就认为他已经接收到过某些来自太空的信号，并且猜测这些信号可能是火星人发送的。而由射电天文学家德雷克（Frank Drake，1930— ）率先发起并领导的"地外智慧生命搜寻计划"（SETI）则从 20 世纪 60 年代起带动了太空无线电信号的系统化监测与分析工作。虽然 SETI 至今仍未取得什么有实际意义的成果，但依然在坚持开展，任何人都可以到"SETI @ home"网站去登记参加这项活动，利用自己家里的计算机的富余计算能力，去协助分析太空无线电杂波中可能具有通信含义的成分。

SETI 计划认为，仅在银河系中就存在着许多个有能力与我们通信的外星文明。但这可能过于乐观了。当前，有一种名为"珍稀地球"（Rare Earth）的理论，它分析了地球历史上的一系列幸运事件，然后以之为依据指出，地球上能存在智慧生命，离不开由许多巧合造就的独一无二的环境，而且这种环境还得在足够久的时间内具有稳定性，才来得及让生命形式发展到如此复杂的程度。

如果"珍稀地球"理论是对的，那么虽然生命仍然可能在宇宙中广泛存在，但智慧生命就几乎真是绝无仅有的了。总之，两千多年的天文探索史，尚不足以回答这一追问。

德雷克方程

1966 年，苏联射电天文学家什克洛夫斯基（Iosif Shklovsky，1916—1985）和美国行星科学家卡尔·萨根（Carl Sagan，1934—1996）都计算了外太空宜居行星的数量。德雷克将他俩的计算方式合并成了一个方程，即"德雷克方程"。他设银河系中有能力进行无线电通信的文明星球共有 N 个，然后用一串因数相乘来表示这个数字：

$$N=N_g f_p n_e f_l f_i f_c f_L$$

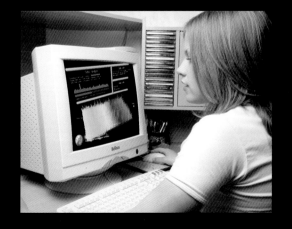

在这里，N_g 代表银河系内的恒星数量，f_p 是带有行星的恒星所占的比率，n_e 是每个行星系统平均拥有的行星数量，f_l 是其中有生命的行星所占的比率，f_i 是有生命的行星中能出现智慧生命的比率，f_c 是智慧生命能发展出进行无线电通信的能力的概率，而 f_L 则是考虑到智慧生命能在其星球上存在的时间的有限性而乘上的折扣。

卡尔·萨根"半猜测式地估计"银河系中或许有一百万个能够进行无线电通信的文明星球。

图片版权信息

仿真件
版权信息

出版技术人员
名单

作者致谢

感谢巴克森戴（katie Baxendale）和卓伊（Sooky Choi）为本书所做的恢宏雄健的设计。感谢图片搜集员贝汉（Steve Behan）满足了我的许多意向晦涩、表述不确的图片需求，并且给了我不少建议。感谢本书的责编麦克拉甘（Gemma Maclagan），是她提出了本书的创意，并且以她极具感染力的工作热情、强大的职业能力和犀利的编辑意识，把出版本书的各项工作安排得井井有条。我还要感谢卡尔顿（Carlton）出版社的每一位参与此书出版工作的朋友，如果没有他们相助，这本书不可能如此卓越地付梓。

保罗·默丁
剑桥，2011 年

《天文迷的夜空导游图（修订版）：天文观测必备手册》

ISBN：978-7-115-39137-7

《天文速览：即时掌握的 200 个天文学知识》

ISBN：978-7-115-44234-5

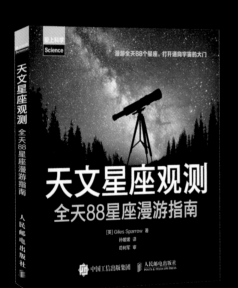

《天文星座观测——全天 88 星座漫游指南》

ISBN：978-7-115-45744-8

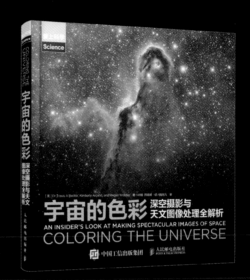

《宇宙奇景 1001 图》
ISBN：978-7-115-37750-0

《宇宙的色彩——深空摄影与天文图像处理全解析》
ISBN：978-7-115-45339-6

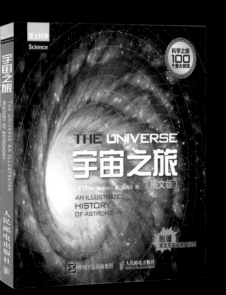

《宇宙之旅（图文版）》
ISBN：978-7-115-42377-1

图书在版编目（ＣＩＰ）数据

洞察宇宙：摸得着的天文史：附历史资料仿真件 /
（英）保罗·默丁（Paul Murdin）著；魏晓凡，王运静
译. -- 北京：人民邮电出版社，2018.2
　（爱上科学）
　ISBN 978-7-115-47130-7

Ⅰ. ①洞… Ⅱ. ①保… ②魏… ③王… Ⅲ. ①宇宙－
普及读物 Ⅳ. ①P159

中国版本图书馆CIP数据核字(2017)第264648号

内 容 提 要

全书以天文学家为线索，展示天文学家们的思考方式，以及他们对宇宙的理解的演变。书中的历史文献"仿真件"使读
者得以在阅读过程中，通过能实际把握在手中的复制品更加深刻地体验一代代天文学家获得发现时的场景和心境，并由此分
享人类科学文明道路上的一次次荣耀。本书适合大众及天文爱好者阅读。

◆ 著　　　　[英] Paul Murdin
　　译　　　　魏晓凡　王运静
　　责任编辑　周 璇
　　责任印制　周昇亮

◆ 人民邮电出版社出版发行　北京市丰台区成寿寺路 11 号
　邮编　100164　电子邮件　315@ptpress.com.cn
　网址　http://www.ptpress.com.cn
　北京富诚彩色印刷有限公司印刷

◆ 开本：889×1194　1/16
　印张：7.75　　　　　　　2018 年 2 月第 1 版
　字数：224 千字　　　　　2018 年 2 月北京第 1 次印刷
　著作权合同登记号　图字：01-2013-9213 号

定价：129.00 元
读者服务热线：(010)81055339　印装质量热线：(010)81055316
反盗版热线：(010)81055315
广告经营许可证：京东工商广登字 20170147 号

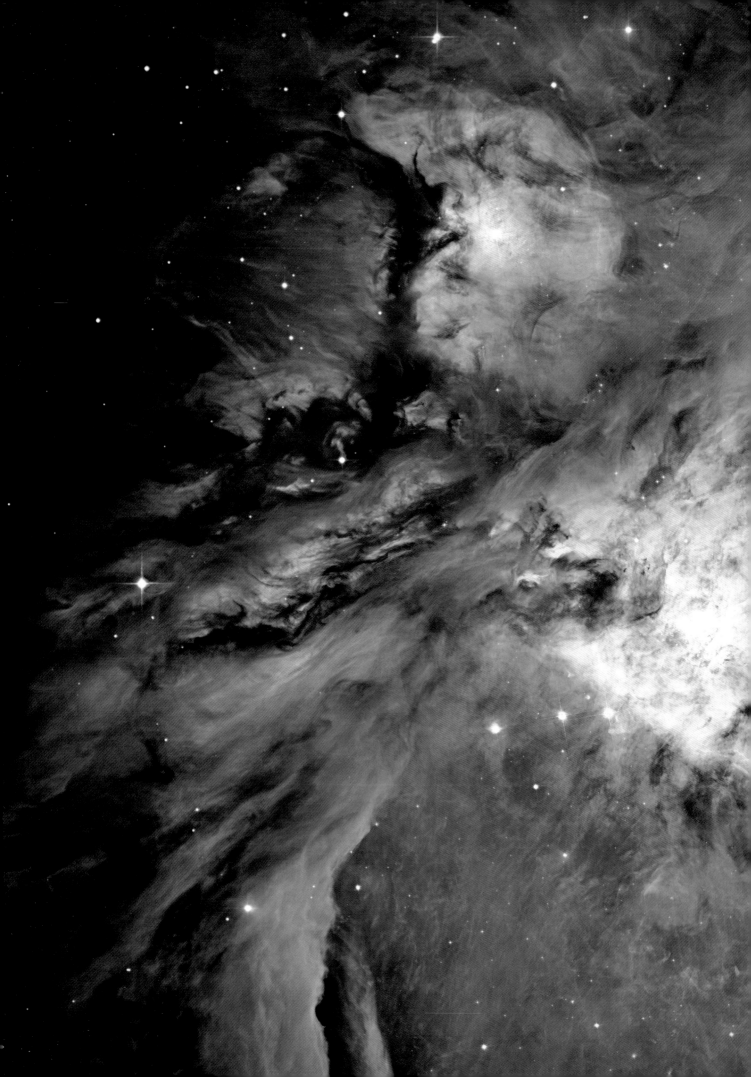